増補版

これでも公共放送かNHK!

君たちに受信料徴収の資格などない

神奈川大学経済学部教授
メディア報道研究政策センター理事長
小山和伸

展転社

はじめに　ＮＨＫの犯罪行為を風化させてはならない

故中村粲獨協大学教授が主催した「ＮＨＫ報道を考える会」および「昭和史研究所」の事業は、現在「一般社団法人メディア報道研究政策センター」に引き継がれ、ＮＨＫの反日偏向報道に抗議して、受信料の不払い運動を展開している。

最近になって、ＮＨＫの受信料制度を支えている放送法六四条に関して、二つの大きな出来事があった。一つは平成二九（二〇一七）年一二月六日、当センターの会員とＮＨＫとの間で争われた受信料裁判で争点となっていた、放送法六四条の憲法論争に対して、最高裁が大法廷において合憲判決を言い渡したことである。

二つ目は、令和元（二〇一九）年五月二九日、改正放送法が成立し、六四条に第四項が付加され、ＮＨＫ番組が改変されずに放映される場合、テレビ以外でもそれを受信できる受像器には、受信契約と受信料支払いの義務が生ずることになった。つまり、インターネットによるテレビ番組の同時配信が認可され、パソコンやスマートフォン、カーナビなどの端末による受信に、受信契約と受信料支払いの義務が課されるようになった。

ただし、一般世帯においては、既にテレビで受信料を払っていれば、重複して支払う必要はない。テレビがないとかＮＨＫが映らないという理由で、受信契約を結ばず受信料を払っていなかった世帯は、ＮＨＫを受像できるパソコンやスマホがあれば、今後契約と受信料支払いの義務が生じることになる。

また、受信者が居住しない事業所については、受像器の台数分の契約と受信料支払いが求められる。従って、事業所のパソコンやカーナビなどの機器によって、ＮＨＫ受信契約と受信料収入はさらに莫大な拡張を遂げることになる。

この二つの法的決定の持つ意味と、今後の対応策については本文で詳述するが、本書は平成二六（二〇一四）年に初版が出版された『これでも公共放送かＮＨＫ！』に、その後の動きに応じた論評を加筆する形となっている。従って、本書の本体は平成二六年版と同様である。かかる加筆の形を取ったのには、幾つかの理由がある。

先ず、ＮＨＫは具体的に放送法四条違反を論証した本書の初版以来警戒を強めたのか、あからさまな事実の改竄や、露骨な偏向報道を抑制するようになっている。月刊誌『正論』に「一筆啓上ＮＨＫ殿」を連載していた本間一誠氏も、メディア報道研究政策センターの理事の一人であり、最新のＮＨＫ糾弾の決定版を出版しようと語り合っているが、本間氏も最近のＮＨＫの巧妙化を指摘している。

ＮＨＫが、反日偏向報道を本書の出版を契機に抑制的になったのだとしたら、著者として出版の成果を自讃したいところではあるが、むしろＮＨＫの反日報道が陰にこもって巧妙化したのだとすれば、責任上どうしても次の一手を考えなければなるまい。

本間氏が録画したＮＨＫ番組の膨大な数のＤＶＤを手分けして検証しているが、問題のあるナレーションや番組構成も、なかなか巧妙化していて、尻尾をつかみにくいように工夫されている。

例えば、安保法制を巡る議論の過程で、ＮＨＫは明らかに多くの時間を反対論に費やしたが、賛成論にもそれなりの時間を割き、「公平な報道とは必ずしも時間数の平等とは限らない」などとの詭弁を弄する。あるいは、オスプレイの「不時着」を「墜落」と表現するなどの言わば表現上の問題として逃げを打てるような、小細工を弄している。

さらには、旧日本軍の話題に及ぶと、ＮＨＫ番組では必ずと言って良いほど、陰気で深刻めいた極めて暗いバック・ミュージックが流される。そして、話が戦後に及ぶや、アメリカ流の明るいジャズなどに切り替えられる。これが、「戦前・戦中を通じて、旧軍のせいで日本は暗い軍国主義社会だったが、戦後は旧軍の解体によって国民は明るく解放されたのだ」という、東京裁判史観の意思表示であることは自明だが、たとえこれに抗議したところで、「音楽の感じ方は人によってそれぞれ違うはずだ」などの逃げ口上が準備されているに決まっている。

すなわち、最近のＮＨＫ報道には、本書初版本に事例としてあげられているような、放送法四条に歴然と違反する決定的な証拠となり得る番組がなかなか見つけにくいというのが、初版本の本体を維持したまま加筆の形式を取った第一の理由である。

第二の理由として挙げなければならないのは、初版本で指摘したNHKの放送法四条違反事例による悪影響は未だに拡大しており、またNHKも訂正や謝罪に応じていないためである。特に、慰安婦強制連行説の先棒を担いだNHKは、現在アメリカやオーストラリア、そして国連を舞台に燎原の火の如く拡がって、衰えることのない「性奴隷」プロパガンダに対して、その責任をどのように考えているのであろうか。その点では、遅きに失したとは言え一応慰安婦強制連行報道の間違いを認めて、修正と謝罪をした朝日新聞よりも悪質であると言わなければならない。

しかも、朝日新聞は読まなければ購読料は取られない。しかし、NHKは見なくても受信料を徴収される。かかる国民からの強制徴収による莫大な受信料収入を使って、日本国の名誉をズタズタにしてきたのがNHKなのである。

つまり、本書に挙げた事例は確かに古くなったが、これほどの歴然たる公共放送の犯罪行為を決して風化させてはならない。その思いから、初版の事例を継承することにした。NHKが訂正と謝罪をしない限り、そして日本の名誉がこれらの番組によって傷つけられ続ける限り、これらの事例は未来永劫に語り継がれなければならない。

NHKはさぞかし、初版本に列挙した放送法四条違反事例が風化することを望んでいることであろう。確かに最新の違反事例を見つけて、論究することは大切である。しかし、繰り返すが今日なお猛火の如く世界を駆け巡る「性奴隷制度を強要した日本」なる、国家の正義と名誉の根幹に関わるデタラメの火付け役が、ＮＨＫであったことは絶対に忘れてはならない。もし、増補版から二三年前のこのおぞましいＮＨＫ番組を除けば、ＮＨＫの望む犯罪行為の風化に与することになる。これが、初版本を本体として残す所以である。

目　次

増補版　これでも公共放送かＮＨＫ！　君たちに受信料徴収の資格などない

第一章　放送法違憲論について

第一節　最高裁判決で決着は付いたのか

平成二九（二〇一七）年一二月六日、最高裁判所は大法廷において、ＮＨＫの映る受像器を設置した場合、ＮＨＫとの受信契約を結んで受信料を支払わなければならないと定めた、放送法六四条を合憲とする判決を言い渡した。

ＮＨＫはこの合憲判決を受けて、ＮＨＫの全面勝訴を吹聴し、受信契約の締結と受信料支払いの強要を加速させている。しかし、この判決はＮＨＫが喧伝するようなＮＨＫ側の全面勝訴などではない。以下、判決内容を精査してその意味を検討してみよう。この裁判は、ＮＨＫとの受信契約を拒否し、受信料支払いを拒むメディア報道研究政策センターの会員と、ＮＨＫとの間で争われた裁判である。

最高裁判所判決の要点と意味

最高裁大法廷における判決の要点は、以下の五点に要約することができる。

①ＮＨＫとの受信契約を強制する放送法は、憲法に違反しない。

②受信契約はＮＨＫ側からの契約申請通知だけで自動的に成立せず、受信者の承諾が必要である。

③任意に契約を承諾しない受信者には、裁判によって承諾するよう命令する判決を下すことができる。
④契約はその判決時に成立するが､受信料の支払い義務期間はテレビの設置時にまで遡る。
⑤受信料の消滅時効は五年だが、時効は契約成立時から進行する。

以下、これらの判決要点について、その意味を検討してみよう。

先ず、第一の点については、これまで地裁でも高裁でも、放送法六四条について違憲判決を下した下級裁判所の判決は一つもないので、この度の最高裁判決は特に画期的な意味をもつものとは言えない。言わば単に、これまでの司法判断に最終的な決着を付け、権威付けをしたに過ぎない。しかしながら、本章第二節において言及する、放送法六四条を違憲であるとする様々な見解を全否定した意味は重い。ただ我々は、この度の最高裁による合憲判決によって、決して言わば思考停止に陥ってはならない。そこにいかに広い論争の余地があったか、司法においてその論争を真摯に検討した試しがあったのかを、知っておかなければならない。それであればこそ、最高裁判決の問題点を正しく理解し、将来状況の変化によっては、再び憲法論争の余地が生まれるかも知れないからである。

もっとも、私自身はＧＨＱがこしらえた「占領基本法」に他ならない日本国憲法を武器にして、反日偏向放送局ＮＨＫを糾弾する方法を潔しとはしてこなかった。それが、あくまで

ＮＨＫの法的存立基盤を突き崩すための、法律的な便法に過ぎないとしても、反日偏向ＮＨＫ解体への基本戦略に、日本解体を企図する占領基本法を組み入れることになるからである。

今回の最高裁判決によって、ＮＨＫ存立の法的根拠を違憲論争で葬り去ることができなくなったとしても、意気消沈する必要は全くない。なぜならば、反日ＮＨＫが亡国憲法に違反しないと言うだけの判決に過ぎないからである。つまり、反日ＮＨＫと亡国憲法の両方を突き崩せば良いだけの話である。真正憲法の制定によって、堂々と反日偏向番組を取り締まることのできる体制を創ることこそ、真正日本人の使命であると考える。

判決の第二の要点については、ＮＨＫ側が敗訴していることを銘記されたい。ＮＨＫは、長い間ＮＨＫとの受信契約は「テレビを買ったと同時に成立する」とか、「ＮＨＫが受信契約のお願いを申請した段階で自動成立する」などと主張してきたからである。実際、高裁においてＮＨＫからの契約申請送達から二週間で、受信契約が自動成立するという判決が出たこともある。

今回の最高裁判決は、かかるＮＨＫ側の主張を全面的に否定し、契約には受信者の承諾が必要であると述べている。この点では、ＮＨＫは明らかに敗訴している。ＮＨＫがこの受信契約を拒否する受信者との契約を結びたければ、どうすれば良いか。その点に言及したのが、次の第三番目の要点である。

第三の要点は、ＮＨＫを受信できる受像器を持ちながら、自分勝手な理由でＮＨＫとの契約を拒否しているような場合に、ＮＨＫがどうしてもその受信者と契約を結びたければ、裁判に訴えなければならないという点にある。つまりＮＨＫは、受信契約を拒否する人との契約にこぎ着けるためには、裁判という手間を省くことができない。この判決も、今回の合憲判決をＮＨＫ側の全面勝訴などとは、とても言えない部分である。ただし裁判になれば、これまでの受信料不払裁判において一〇〇パーセントＮＨＫが勝っている判例からして、ＮＨＫの勝訴は確実と見なければならない。だが、受信料契約を承諾させるためには、裁判という手続きを踏まなければならないとした判決が、ＮＨＫに課する負担は相当に大きいと言えよう。

ここで考えたいのが、「ＮＨＫの番組内容が、事実を曲げない公平な放送を義務づけた、放送法四条に歴然と違反しているから契約しない」という理由が、果たして「任意に契約を承諾しない」場合に該当するのかどうかという点である。我々メディア報道研究政策センターが主張しているのは、決してＮＨＫの番組が気に入らないからというものではない。明らかに事実を曲げた報道がある、あるいは非常に偏った放送があるという点を主張しているのであって、好き嫌いのような任意の主張ではないからである。

この点を追及していけば、今後裁判審理の俎上に具体的なＮＨＫの番組内容が載せられるときが来るかも知れない。その時こそ我々は、自らが放送法四条に違反しながら、視聴者には放送法六四条を守れと主張する、身勝手なＮＨＫの要求の矛盾を突くことができる。つまりＮＨＫは、放送法の中から自分に都合の良い条文だけを振り回しているのである。

第四の要点は、ＮＨＫとの契約以前にまで受信料の支払い義務があるという点にある。これは極めて不可解な判決である。契約が成立していなくても、テレビを設置した時点から受信料の支払い義務があるというのであれば、一体何のための契約なのであろうか。

最高裁は、第二の要点にある如く、受信契約はＮＨＫ側からの一方的な契約申請だけでは自動的に成立せず、受信者側の承諾が必要であると述べながら、受信料支払いの義務は、契約が成立していなくても、テレビを設置したら自動的に発生すると言っている。この判決は、次の第五の要点と併せて考える必要がある。受信料支払いには、消滅時効があるが、この第四の要点と第五の要点を考え合わせると、その消滅時効が実質的になくなってしまう危険がある。

第五の要点は、受信料の消滅時効は五年であるが〈平成二六〈二〇一四〉年九月五日最高裁判決で確定〉、時効の進行は契約成立時から始まるという点である。つまり、契約が成立していない間の受信料不払期間に対しては、時効がはたらかないというのである。この判決の論拠としては、契約が成立していない以上、ＮＨＫは受信料の取り立てをするすべがなく、従って時効の進行はあり得ないというものである。

しかし実際にＮＨＫは、受信契約と同時に受信料支払いを求めてくるわけで、契約が成立していない以上受信料の取り立てのすべがないというのは、誠におかしな話である。ＮＨＫ

は、実質上受信契約と受信料支払いを同時に要求しているのであるから、未契約の世帯に対しても受信料支払いを求めており、受信料取り立てのすべがないなどと言うことは言えないはずである。これは、実質上受信料の時効を無いに等しいものにしてしまう判決と言ってもよい。

というのは、この第五の要点と前項第四の要点を、組み合わせて考えてみると分かりやすい。例えば、三〇年前からテレビを設置して見ていたが、ＮＨＫとの受信契約を結んでいなかったとする。ＮＨＫの執拗な自宅訪問に推されて、例えば今年契約を結んだとする。受信料の消滅時効は五年であるが、契約を結んでいなかった過去三〇年間に関しては、時効が進行していないから支払い義務があると言うことになる。その支払額は、延滞金などを含めれば、優に六〇万円~七〇万円を超えるに違いない。延滞金の計算方法によっては、もっと高額になるかも知れない。

今年契約したとすれば、時効は今年から進行する。だからもし、この先七年間受信料不払をすると、最初の二年分は時効で消滅する。この第四と第五の要点にかかる判決によれば、受信契約を拒み続けるよりも、契約はできるだけ早く結んで、その後受信料の不払で対抗した方が良いという結論になる。

あるいは、別の対抗策としては、何十年も前からテレビを持っていたという事実は、証明のしようもないのであるから、契約時点で今あるテレビは去年買ったが、それ以前にテレビはなかったと強弁する方法がある。ＮＨＫ側が、どうしても持っていたはずだというならば、それを証明しなければならないのはＮＨＫの方だからである。

実際、六〇万円とか七〇万円とかの受信料請求をされた事例もある。ちなみに、ＮＨＫとの契約は何も正式な契約書にサインしたり、印鑑を押したりする必要は無い。一度でも受信料を払えば、その時点で契約は成立する。つまり、受信料を支払ったという行為自体が、受信契約に合意した事を意味するからである。

従って、何十年前からテレビがあったが受信料を支払っておらず、契約を結んだ覚えがなくとも、何十年か前に一度でも受信料を払っていれば、その時点で契約は成立していることになる。そうすると、その時点から時効は進行しているから、直近の過去五年分の支払い義務しかないと言うことになる。だからもし、ＮＨＫから過去三〇年にも及ぶ請求が来たら、三〇年前に受信料を一度払ったことがあると強弁するのも一法である。

最高裁大法廷に弁護団として出廷した、メディア報道研究政策センターの理事弁護士達は、この問題について、最高裁はこうした判決を出したからといって、ＮＨＫが一〇〇万円近い請求をすることは、実際上あり得ないと考えているのであろうと話していた。しかしながら、実際六〇万円の請求を受けた人もいるし、第一実際にあり得るかどうかを別として、法論理的に大きな問題が生じる可能性について考えるのが、法律家の責務なのではないか。

例えば法律に無知な老夫婦が、いつからテレビがあったかという質問に正直に答えたばかりに、いきなり一二〇万円請求されるなどというケースが頻発したとしたら、最高裁は一体どう責任を取るというのだろうか。

放送法六四条改正の意味と対処法

放送法六四条に第四項が付加され、NHKを受信できる受像器であれば、テレビ以外でもスマートフォンやカーナビ、パソコンなどを持っていれば、NHKとの受信契約を結び受信料を支払わなければならないことになった。これは、総務省によるNHKのインターネット配信の許可と一体のものであることは、言うまでもない。

ただし、既にテレビで受信料を支払っている一般世帯は、新たに受信契約や受信料が課されることはない。問題なのは今までテレビがないなどの理由で受信契約を免れていた世帯で、パソコンやスマホなどを持っていれば受信契約を結ばなければならず、受信料を払わなければならなくなる。これまで、メディア報道研究政策センターでは、NHKが映らなくなるアンテナを開発・販売して受信料不払運動を続けてきたが、この六四条改正によってこの作戦も再考を迫られている。

これまでNHKを受信できない受像器については、かつて「着脱可能なものは無効」との政府見解があったので、我々は着脱のできないアンテナと一体になった、NHK電波の遮断器を作ってきた。しかし、たとえテレビでNHKが映らないとしても、スマホやカーナビ、パソコンなどにＮＨＫが映れば、受信契約と受信料支払いの義務が生じてしまう。

これに対抗するためには、スマホやパソコンなどにも、ＮＨＫの電波を遮断する装置を着脱不可能な形で組み込む必要がある。あるいは、ＮＨＫには家宅捜索や荷物検査・身体検査の権限があるわけではないので、スマホもパソコンも持っていないと強弁すればよい。しかし、カーナビの場合には、自動車が車庫に入っていない限り外から見えてしまうから、駐車するときには面倒でも取り外しておくという方法もあり得る。

契約者が居住していない「事業所」の場合には、今回の放送法改正を杓子定規に適応すれば、事業所の保有するスマホやパソコン、カーナビなどに台数分の受信契約と受信料が課せられることになる。これまでも、ホテルなどの事業所では、本来全室に備えてあるテレビに受信契約と受信料支払いの義務が課せられていたわけだが、実際には全テレビ台数の五十数パーセントとか、三十数パーセントなどの範囲で運用されているのが一般的である。

しかしこの運用は恣意的で、ＮＨＫ側の言わば目こぼしにすぎない。例えば、これまで五十数パーセントの契約で済んでいたのに、ＮＨＫの報道内容に抗議して不払い運動に参加したホテル経営者が、その後ＮＨＫから全室のテレビの受信料を請求されたという事例もある。

メディア報道研究政策センターの会員であるこのホテル経営者は、その後フロントにテレビを一台だけおいて、全室のテレビをビデオ映像だけ映るように変更して、ＮＨＫに対抗したが、要するにＮＨＫ側の恣意的判断で契約台数が左右されるのは問題である。この問題は、事業者のスマホやパソコン、カーナビにも台数分の契約を義務づけた、今回の放送法改正によって、一層重大な広がりをもつことになるであろう。

さらに、警察・消防・市役所等の公的機関の受信契約について考えてみよう。例えば、パトカーや消防車・救急車などの緊急車両は、カーナビ機能を付けることによって、公的緊急業務の効率化を図ることができる。しかし、今回の放送法改正によって、全緊急車両のカーナビに受信料支払いの義務が発生する。国民の税金で運営される公的機関の負担増加は、無論国民の負担増加に繋がる。

しかし、もし自治体が受信料節約のためにカーナビを外せば、公的緊急業務に支障が生じ、市民の安全が脅かされる。かかる公的緊急業務におけるカーナビ機能が、ＮＨＫの視聴などとは無縁であることは自明であるから、これら緊急車両等のカーナビについて、明確な免除規定に関する法的整備が必要である。

前出のホテルなどの契約パーセンテージなどと共に、ＮＨＫの恣意的判断に依らない事業所の受信料減免比率に関する明確な法的基準の設定が、今回の放送法改正によって益々必要となるに違いない。

いずれにしても、我々メディア報道研究政策センターは、金を惜しんで不払い運動をしているわけではない。この点は、本書の中にも明記しているように、長きに亘るＮＨＫの反日偏向姿勢への抗議活動と、姿勢改善への努力が全く無視されて効をなさないことから、「兵糧攻め」による、ＮＨＫ解体へと大きく抗議行動の梶を切らなければならなかったことに依る。

ＮＨＫは公共の福祉に貢献しているのか

最高裁の短い判決の中で、裁判長は何度か既に下級裁判所の判決でも決まり文句となっている「受信料の公平な負担に基づく」とか、「良質な放送を全国あまねく受信できる公共の福祉」とかの語句を用いた。

良質な放送とは何か、かつて放送法ができた昭和二〇年代のように、映像や音声が途切れない放送のことを言っているのか。そうだとすれば、時代錯誤も甚だしいと言わなければならない。そうではなく、我々は歴然と放送法四条に違反する放送内容のことを問題にしているのである。

本書に列挙するような反日偏向番組が、良質な放送であるとは言えず、そんな番組が「全国あまねく受信できる」事態は、決して公共の福祉に貢献しないはずである。

我々は今後、自由市場経済と消費者主権の立場から、見たくない人は受信料を払わなくて良いが、受信料を払わない人にはＮＨＫが映らないというスクランブル放送を、ＮＨＫ自身が進めるべきであるという主張を展開してゆこうと考えている。

第二節　放送法の概要

いま受信料制度に関連して問題になるのは、先ず放送法第六四条（最終改正：平成二三年六月二四日法律第七四号）であろう。すなわち、「協会の放送を受信することのできる受信設備を設置したものは、協会とその放送の受信についての契約をしなければならない。」という条文であり、また同第二項の「協会は、あらかじめ、総務大臣の許可を受けた基準によるのでなければ、前項本文の規定により契約を締結した者から徴収する受信料を免除してはならない。」という条文である。

要するに、ＮＨＫの映像が映るテレビを買ったらＮＨＫと契約しなければならず、契約した以上は必ず受信料を支払わなければならないということが、法律で決められているというわけである。

従って、放送法によるならば、ＮＨＫの番組を見ようが見まいが、あるいはＮＨＫの番組が気に入ろうが気に入るまいが、テレビを買った以上はＮＨＫと受信契約を結んだ上、受信料を支払わなければならないという事になっている。

しかし、こうした放送法は憲法違反であるという主張がある。以下では、天野聖悦著『ＮＨＫ受信料制度違憲の論理』[2]に基づきつつ、違憲の論拠について検討してみよう。

放送法は「法律」なのか

第一に、「法律」の規定対象には広く一般性がなければならず、特定の個人や組織にのみ該当するような規定を「法律」として制定することはできない。にもかかわらず、NHKという特定の事業組織に受信料の徴収権限を与えるような規定は一般性を欠いており、故に放送法は「法律」たり得ないという見解がある。たしかに、放送局がNHKしかなかった時代には、放送業者はイコールNHKを意味したが、今日では数多くの民放が存在するから、NHKのみに受信料の徴収権を付与する規定は、一般性に欠けている。

かかる問題のある放送法に基づいて定められた、放送法施行規則も、またNHKが作成した日本放送協会放送受信規約も、正当性に欠けており無効であるという。さらに、電波監理委員会によって制定された放送法施行規則は、法律で規定していない領域に規定が及んでおり、要するに法律の規定範囲をはみ出した規則となっており、正統な「規則」とは言えない存在であるという。日本放送協会放送受信規約も、同様に法律規定を超える規約となっており、無効であるという。

この法律の規定範囲を凌駕する問題の規定は、次のような条項である。すなわち、放送法施行規則第六条七号で、契約が成立していない期間についても、後から受信料を徴収できる権限をNHKに付与している点である。また、日本放送協会放送受信規約第四条において、「放送受信契約は、受信機の設置の日に成立するものとする」としている点である。

こうした言わば強制的な契約は、正しく「契約」とは呼べない代物ではないか、というのが第二の問題点である。元来「契約」とは、相対立する意思表示の合致によって成立する法律行為であって、この原則によれば、いかに放送法が契約を命じようとも、一方に契約に応じる意思がなければ、契約は成立しない。「契約」とは、そういう法律行為なのだと指摘されている。

この指摘こそ、多くの受信契約者にとっての、NHKとの受信契約に関わる不可解な違和感を解明してくれる論理であろう。天野はさらに、NHKとの強制契約規定が、近代私法における「契約自由の原則」に反している点を指摘する。すなわち、契約の締結、相手方の選択、契約の内容や方式について、国家から干渉されないとする原則は、近代私法の大原則であり、放送法はこれに違反しているというのである。

NHKとの強制契約が法制化されている弊害について、天野は次の様に述べている。先ず、NHKとの契約を逃れようとすると、テレビそのものを放棄しなければならず、他の民放も全て見られなくなる。次に、放送とは国民に対するサービスであるから、そのサービスを押し売りすることは許されない、つまり視聴を強要することはできないはずであるとする。

第三に、憲法上受信契約締結の義務など存在しないという見解である。憲法に定められた国民の三大義務は、教育を受けさせる義務、勤労の義務、納税の義務、の三点である。義務教育のサービスは、この憲法上の義務に基づいて提供されるが、これは国家の負担において行われている。従ってもし、ＮＨＫの放送が公共の福祉に合致し、社会的厚生を増進するとしても、公共の福祉のための事業は国庫負担とされるべきである。さらに、公共の福祉のために、例えば住居の移転などの負担が必要とされる場合には、それなりの補償が不可欠なのは自明であり、補償を伴わない一方的な受信料支払いなどといった国民の負担を、ＮＨＫが強いる権利は全くない。

しかも憲法上の義務に即した、公共サービスでさえ強要は許されず、例えば公共サービス以外の私立学校を選択する余地がある。また、働く意思がないものに労働を強要することもできず、納税にも所得水準による免除階層が大きな割合を占めている。こう考えてくると、テレビを買ったら（あるいはもらっても拾っても）、直ちにＮＨＫ側に有無を言わさぬ受信料の請求権が発生するという、放送法および関連諸規定の異様性が明確になるであろう。

その他、ＮＨＫをイギリスのＢＢＣになぞらえて論ずる向きもあるらしいが、ＢＢＣは国王の勅許によって設立された機関であり、組織の性質や背景事情が全く異なっている。これを同断に論じることはできず、安易なアナロジーは全く合理性を欠いていると言わなければならない。

ＮＨＫは弱者か？

一般に、契約とは相対峙する二者間の合意に基づいて成立するものだが、いわゆる「強制契約」が認められる場合もある。それは、例えば電気や水道などの工事に関する契約などである。新築家屋の住人が電気や水道の工事を依頼したとして、工事会社が工事のしにくい地形だとか、あるいはその住人が気に入らない等の理由で、自由に契約拒否をすれば、その住人は日常生活上重大な不利益を被る結果となる。従って、それ相当のやむを得ない理由がない限り、工事会社は依頼された工事について契約を結ばなければならない。

その他、医療に関する契約や、職業上加入が必須な組合への加入契約など、いずれも一般の契約のように一方に契約拒否の自由を与えた場合、他方に著しく避けがたい不利益が生じる様な契約について、強制契約が存在する。工事会社に契約を拒否されたら電気や水道のない生活を強いられる住人や、病院から医療契約を拒否されたら治療を受けられなくなる患者、あるいは組合に加入契約を拒否されたら商売ができなくなる人など、強制契約はいわば弱者の利益を護るために、強者に対して課されるのが一般的である。

しかるにNHKとの受信契約は、かの大NHKに対する一視聴者に契約の強制を課している。これはどう考えてもおかしいわけだが、直ちに想定されるNHK側の反論は、各視聴者に拒否の自由を与えれば、ほとんどの人がただでNHKを視聴するようになり、たちまちNHKの経営は危うくなる、というものであろう。すなわち、放送電波は水道や電気ガスなどと違い、支払わない人を払っている人と区別して、排除することができないという論旨である。

しかし、受信料制度ができた当時ならいざ知らず、現在では支払いが滞っている人を個別的に識別して排除することは、技術的に十分可能なはずである。現に衛星放送では、不払い者の受像器を識別して、支払い要請を表示している。もしＮＨＫが、こうした技術的に可能な不払い者の排除措置によって、経営の悪化を不安視しているのだとすれば、自ら放送内容の質的問題を認識していることになる。

かつて水道メーターが極めて高価だった時代には、各家庭にメーターを設置すると徴収コストが高くなりすぎるため、家の大きさや庭の広さ、窓の大きさなどで概算して水道料金を決めていたという。しかし、その後の技術的進歩によってメーター価格が低下すると、各家庭にメーターを設置して、消費した水量を正確に算出して水道料金を徴収するようになった。これと同じように、放送受信の状況を把握できる技術革新を取り入れて、受信状況に応じた受信料の徴収体制への努力を、ＮＨＫは惜しんではならないはずである。

時代遅れの放送法

占領軍主導で放送法の公布された昭和二五（一九五〇）年は、まだラジオの時代で、主流はほとんどＮＨＫのみと言ってよい時代であった。テレビ放送は、昭和二八（一九五三）ＮＨＫを皮切りに各民放の開局が続く。当初テレビの普及率は一〇パーセントに満たず、その意味では受信料の支払いは、放送サービスの拡充を促すための資本を、受益者負担の原則に基づいて調達するという意味を持っていたかも知れない。

しかしその後、テレビ普及率は飛躍的に増大し、昭和三六（一九六一）年には九〇パーセントに達し、昭和四〇（一九七〇）年以来、一〇〇パーセントを維持している。この間、民放各社の放送地域・時間は拡張され、放送内容も多様化していく。こうした市場環境の変化に、放送法は果たして適応してきたであろうか。

テレビ受像器の価格が、サラリーマンの平均月収の十数倍と極端に高価で、普及率が数パーセントという時代には、国民全体への放送サービス拡大のためとはいえ、国民からあまねく取り立てる税金でテレビ普及の資金を調達するには、違和感があったであろう。その資金は、高価なテレビを買って見ている受益者から、受信料として徴収するのが妥当と考えられたのであろう。

それはちょうど、未だ自動車の普及率が低く砂利道が車道の主流だった頃、舗装された車道整備のための建設費の財源を、自動車の利便性を直接享受している自動車所有者から、ガソリンに対する課税というかたちで徴収しようと考えたのと似ている。その後自動車の普及率が増大すると、自動車の受益者は国民全体に及び、そこから得られる税金を道路建設に限定することの論拠が疑われるようになってゆく。

つまり、自動車の急速な普及によって、自動車の受益者は全国民に広がり、ガソリン税の税額は莫大なものになった。その税収を道路建設に特化していると、もはや必要もない高速道路や自動車専用道路を無限に作り続けてゆく事態となるからである。

受信料についても、これと同じことが言える。急速なテレビの普及は受信料収入を莫大なものにし、放送諸設備の充実も急速に進んだ。今や一〇〇パーセントを維持し続けるテレビ普及率の現状では、放送サービスの拡充に必要な資金を税金によって調達しても、受益者負担の原則に反しないし、全国民の受信料収入をＮＨＫのみの収入とすることに著しい不合理を感ぜざるを得ない。必要以上の資金が流れ込む不合理を改めない限り、ＮＨＫ職員の度はずれた高所得や、それ故の勘違いから来る傲慢不遜とムダ遣い、裏金作りや賄賂・横領などのスキャンダルはなくならない。

テレビに一定の税金を掛けて、その税収を一般財源化しても、あるいは一般の税収から放送サービスへの投資を行っても、受益者負担の原則にはもはや背馳せず、しかも税収の効率的配分が促される。ＮＨＫのみが徴収し、ＮＨＫのみの放送サービス発展のために使う受信料、などというものが正当性をもったのは、テレビの普及率が低く、ＮＨＫ以外の放送局がほとんどなく、放送設備が貧弱だった時代の話しである。

要するに、受信料制度は既に制度疲労の著しい、もはや時代遅れの制度であるという他はない。むしろ、受信料制度を維持していると、民放しか見ない人に対して受益者負担に反する負担を強いることになり、不必要なほどの莫大な資金がひとりＮＨＫにのみ、流れ込む矛盾が続くことになる。

テレビへの課税によるにせよ、他の財源によるにせよ、税収はすべて一般財源とし、NHKは税金で運営される国営放送局になるか、さもなくば税金とは縁を切った民放として再編成されるしかない。

とは言え、現行放送法が存在する中で、われわれが受信料を拒否できる論拠は、一体どこに求められるべきなのであろうか。次節ではこの問題について、検討してみることにしよう。

第三節　受信料拒否の論拠

現行の放送法がある限り、裁判になれば、「NHKは見ていないので払わない」という言い分は認められず、また「妻が勝手に夫名義で契約した」とする言い分も裁判所によって否定されている（二〇一一年五月三一日、最高裁）。さらに、「強制契約が思想の自由に反する」と主張しても、契約の強制は必ずしも放送内容の強制を意味しないとして否認されている（二〇一〇年七月二八日、東京地裁）。

もちろん、いったん裁判の判決が出たからといって、それで尻込みする必要など全くない。粘り強い法廷闘争によって、判例が覆ることはよくあることであるし、他方放送法の不当性を周知させることによって、同法自体の破棄や改正の世論を盛り上げて行く道も残されている。

大体、契約に強制性があっても、放送内容を強制するものではないから、思想の自由の侵害にはならないなどという判決は、全く納得のしようもない代物であるとしか言えまい。日々納得のできない腹立たしい番組が、自らの強制的に支払わされる受信料によって、制作放映され続けるなどという拷問にも等しい状況に、なぜ耐え続けなければならないのか。しかも、われわれがどんなにNHKに抗議したところで、まるで蛙の面に水をかけるが如き効果しかなく、傲岸不遜なＮＨＫの偏向・反日は留まることがない。

われわれは、この忌まわしい現状を一体どのようにして改善できるのであろうか。以下では、現行の放送法の検討を通じて、あるべき対抗策を模索して行くことにしよう。

ＮＨＫのアキレス腱、第四条

『ＮＨＫ受信料制度違憲の論理』の著者、天野によれば、結局のところ受信料拒否の論拠は、ＮＨＫ自身が放送法に違反していること、つまり政治的公平性や事実を曲げないで報道するという放送法の規定に違反していることを証明することにあると述べ、同時にその証明の難しさを指摘している(3)。

土屋英雄著『ＮＨＫ受信料は拒否できるのか(4)』においても、視聴者によるＮＨＫ自身の放送法違反に関する判断が重視されている。ここで問題になっている放送法は第四条であり、以下のような規定となっている。

（国内放送等の放送番組の編集等）
第四条　放送事業者は、国内放送及び内外放送（以下「国内放送等」という。）の放送番組の編集に当たっては、次の各号の定めるところによらなければならない。
一　公安及び善良な風俗を害しないこと。

二　政治的に公平であること。
三　報道は事実をまげないですること。
四　意見が対立している問題については、できるだけ多くの角度から論点を明らかにすること。

土屋は、ＮＨＫの番組編集に関して視聴者が以上の規定に背馳していると考えた場合、その個人の判断認識は、思想良心の観点から尊重されるべきであり、思想・良心の自由により、ＮＨＫという組織からの離脱の自由があるはずだと論じている。

しかるに、ＮＨＫからの離脱、つまり受信料拒否のためには、現行の放送法の下ではテレビの廃棄を意味し、そうすると民放も全て見られなくなってしまう。これは知る権利の侵害に当たると、土屋は指摘している。

そして、憲法で保証された思想・良心の自由に基づいて、ＮＨＫとの受信契約と受信料支払いを拒否・解約することができるはずだと述べる。

また土屋は、ＮＨＫの杜撰な経営体質について、職員の不正と高給、度重なる破廉恥事件の数々、特殊法人にあるまじき子会社組織による高収益事業、露骨な天下り人事の実態を詳細に暴き立て、こうした不祥事が強制力をもって流し込まれる莫大な受信料と無縁ではないことを示唆している。

ＮＨＫの放送法違反をいかに証明するか

確かに、ＮＨＫの放送内容が放送法第四条に背馳していると考えても、第一項と第二項については、例えば善良な風俗や政治的公平とは何かなどについては、主観的な判断の余地が大きく、なかなか断定できない部分がある。その点、第三項の事実を曲げないという規定は、比較的明瞭で客観的判断を下しやすい規定であると思われる。また、第四項の多くの角度からの論点といった規定も、平等な両論併記のいかんを以て、比較的証明しやすいのではないだろうか。

従って、ＮＨＫの偏向報道の証明のためには、先ず第四条第三項に的を絞って、「〜と思われる」とか、「〜と感じる」という感想としてではなく、あくまでも事実に反する報道を具体的に挙げるのが上策であるということになるであろう。

第四項については、巧妙に両論併記を装う場合が多いが、放送時間の長さのような客観的な事実をもって、実質的な両論併記が行われたか否かを論証することができる。その点、司会者の語調や態度などは、主観的な感想の余地が多いと判断されがちで、公平さの基準としては客観性の観点から難しいものがある。ただし、司会者の両論に対する評価・感想の言質を捉えておくことは有効である。

もちろん、第四条第一項、二項に関しても、著しく違反するものについて追求は可能であり、決して看過してはならないし、最初から諦めてかかる必要は全くない。しかしながら、最も手っ取り早い方法は、客観的な事実に反する報道の具体例を捉えることである。この種の過誤（実際には意図的な改竄であるが）を見つけるには、戦前・戦中の日本軍をめぐる近現代史関連のドキュメンタリー番組が狙い目である。反日偏向報道に傾倒するNHKは、とかく旧日本軍に関して、歴史的な証人が高齢化によって減少していることをよいことに、歴史的事実に反する報道をしばしば行っているからである。

この点、確かにNHKの反日偏向の手法はなかなか巧妙であり、例えば旧日本軍に関するナレーションの際には、決まって陰気で陰鬱な基調の音楽を用いるなど、客観的証明が難しい主観的・心理的な効果を駆使している。

ところが、この慎重なNHKにしても反日煽動への熱意のあまり、つい勇み足を犯す場合もある。あるいは、視聴者の反応を試す冒険に打って出るかのような、極端な偏向や事実歪曲に出る場合がある。ある意味で、われわれはその瞬間を我慢強く待つべきなのかも知れない。

というのは、決め手にならない主観的な批判でも、しばしばNHKに抗議することによって、番組の悪化をある程度食い止めることはできるかも知れない。しかし、決め手を欠いたこうした批判によってNHKの反日偏向をくすぶらせているよりは、むしろ沈黙のうちにNHKを増長させ、ここぞという尻尾をつかんで、放送法違反を立証することの方が、彼らに致命的な打撃を与えることができるからである。

合理的な目的――手段の形成

われわれの受信料不払い運動は、そもそも何のために行われるべきなのであろうか。また、われわれが受信料の不払いに踏み切らざるを得なかったのは、何故なのであろうか。この問題の本質は、ＮＨＫの根本的な気質ないし体質を知ることによって明らかとなる。

われわれが、不払い運動の大目的を知るためには、対するＮＨＫ側の大目的を知らなければならない。現在ＮＨＫ本局に、中国共産党の中央電視台日本支部が同居している事実から、ＮＨＫが中共国による日本支配、共産革命をマスコミの宣伝工作を以て達成しようとしている、あるいは少なくとも実質的に荷担することに同意している体質が窺われる。

この根本的な体質を容認できないとすれば、不払い運動の大目的はＮＨＫの解体でなければならないであろう。不払いによる抗議活動によって、ＮＨＫの体質を改善し、公正な報道が実現されるよう望んでみても、それは見果てぬ夢に過ぎないことは自明である。

なぜなら、中共国中央電視台は、歴とした共産党の謀略機関であり、もとより公正な報道など眼中にない。この工作機関を本局に同居させるＮＨＫに、基本姿勢を改めさせる術は既にないと考えなければならないからである。

受信料の不払い運動に踏み切った経緯からしても、ＮＨＫの体質改善などが到底不可能であることは、既に明らかである。かかる経緯については後述するが、度重なる抗議や反論、意見や感想などは、ことごとく無視され、あるいは体よくあしらわれてきた。そして、ＮＨ

Kの反日偏向の基本姿勢は堅持され、時に抑制されながらも、全体として増長され続けた。この故にこそ、われわれが不払いという兵糧攻めに踏み切らざるを得なかった歴史がある。

さて、NHKの解体を大目的として設定すると、不払い運動がその大目的達成のための有効な手段として位置づけられる。さらに、NHKの資金源を断ち切る不払い運動の継続および拡充のために、より具体的な手段が考案されなければならない。例えば、放送法の改正によってNHKの強制的な受信料徴収の論拠を除去するとか、法廷闘争によって不払いの法的正当性を勝ち取るなどの手段が、すなわちそれに他ならない。

NHKから受信料の法的根拠を奪うことができれば、彼らは回復不可能な経済的打撃を受け、もはや彼らの反日的大目的の達成は不可能となる。不払い運動は、そのためにこそ維持継続されねばならず、さらに拡充されなければならない。

例えば、苦し紛れのNHKが一時的に報道姿勢を改めたとしても、不払い運動の攻勢を緩めて、彼らに再起の間隙を与えるようなことがあってはならない。あるいは、物理的に中共国の中央電視台を本局の外に出したとしても、NHKの基本体質が改善されたと考えることは決してできない。共産党謀略機関を内部に取り入れている彼らの根本的気質を、甘く見てはいけない。われわれの不払い運動は、あくまでもNHKの解体を大目的として、彼らの息の根を止めるまで、維持継続しなければならない手段なのである。

一般には、あるいは過激に映るかも知れぬかかる意志の正しさは、これまでNHKが粘り強く繰り返してきた反日偏向放送がいかに猖獗《しょうけつ》を極めてきたか、その番組放送の事実をはっきりと理解することによってのみ、確信できるようになる。

第四節　ＮＨＫを堕落させる放送法

本節では、ＮＨＫに受信料強制徴収権の法的根拠を与えている放送法第六四条に焦点を絞って、その悪弊について論じてゆくことにしよう。テレビ普及率がまだ低く、放送局もほとんどＮＨＫ以外にはなかった時代には、放送設備の拡充に必要な予算を、テレビを持っている人からのＮＨＫ受信料をもって確保することは、受益者負担の原則から合理性を持っていたと考えられる。しかし、その後のテレビ普及率の増大と、民放各社の参入によって、ＮＨＫのみがテレビ取得と同時に強制契約と受信料徴収の権利を有する合理性は、急速に失われている。その点は、ガソリン税とのアナロジーで、第一節で論じたとおりであるが、この点についてなお詳しく考察してみよう。

国営放送局への道

テレビ普及率が既にほぼ一〇〇パーセントに達して久しい今日、放送設備等の拡充及び管理維持に必要な予算を、全国民から徴収する税金をもって充当したとしても、受益者負担の原則に背馳しない。受信料を税金でまかなうとすると、ＮＨＫは国営放送局となり、日本政府機関の一部となる。従ってＮＨＫが現在しばしばやっているような極端に偏った報道をしたり、事実と異なる放送をした場合には、行政訴訟の対象となる。

従って、ＮＨＫの国営化は、ＮＨＫの反日・偏向問題を解決する一つの有効な方法ではなかろうか。国営化に対するＮＨＫ側からの反論として考えられるのは、国営放送局になれば国家政府からの中立が保たれないとする意見である。しかし、現在のまるで中・韓両国の代弁者の如きＮＨＫに比べれば、日本政府の代弁者である方がよほどマシなのではあるまいか。つまり、現在でもＮＨＫは国家的ないし国際的に到底中立を保っているとは言い難い存在なのである。中韓の放送局を本局に同居させて、中共国よりの報道姿勢、度はずれた韓流煽動などに血道を上げる現在のＮＨＫの姿勢は、中立などとはほど遠い報道姿勢という他はない。

また、国営放送になればＮＨＫ職員は国家公務員という扱いになるから、これまた度はずれた高給などといった問題も、直ちに解決するものと思われる。傘下の子会社群による高収益事業も、明確な民間会社としてＮＨＫ本体から切り離され、整理されることになるであろう。

現在のような特殊法人としての位置づけが、全て曖昧さの原点であり、公共放送であるからといって、受信契約を強制し、税金の如く視聴料を強制徴収しながら、番組構成は公正性を欠いており、テレビ普及台数の増大と共に湯水の如くに流れ込む莫大な受信料収入は、ＮＨＫから自助努力による向上心を根絶やしにしてきた。

平成二三年度の損益計算書によれば、ＮＨＫの受信料収入は六千八百億円を超えている。

また、政府からの交付金も三十四億円計上されており、既に税金が投入されているわけである。ＮＨＫは、公共放送のメリットとしてよく「公平・中立」をことあるごとに繰り返すが、日本国民の税金交付を受けながら、反日偏向報道をすることが公平・中立を維持することだとでも考えているのであろうか。

無論放送の公正を謳った放送法第四条は、極めて重要であるとともに、自由主義国家として至極当然の規定である。この条項はしかし、なにも公共放送ＮＨＫに限ったものではない。民放が、いかにスポンサーの提供する広告宣伝費によって成り立っていようとも、例えばそのスポンサーに都合のよい、事実の改竄などを行うことは法的にはできないことになっている。

ましていわんや、あまねく国民の支払う受信料で成り立っている公共放送局ＮＨＫが、明らかに放送法第四条に違反し続けているという事実は、受信料制度が放送局の公正性の維持とは何の関係もないか、さらには逆行する制度であると考えざるを得ない。

民間放送局への道

ＮＨＫはよく、民放はスポンサーの意向から自由ではないので、公正な放送が難しく、視聴者からの受信料によって成り立っているＮＨＫだからこそ、公正な放送ができるのだと主張する。しかし、この主張にはいくつかの重大な論理的な欠陥がある。ＮＨＫの大好きな「受信料制度イコール公正放送の保全」という論拠を打ち砕くためにも、その主張の論理的欠陥を明らかにしておく必要がある。

第一に、私企業ないし市場メカニズムに関する間違った判断、偏見と言ってもよい誤謬である。例えば、ＮＨＫはしばしば、スポンサー企業の資金によって作られる番組は、必然的にスポンサー企業の意図に従った、偏った内容にならざるを得ないはずだと主張する。しかし、この主張の背景には、私企業は皆何らかの偏った思想を持っているといった、それこそ偏った決めつけがありはしないか。これこそ、私企業に対する偏見であると言わなければならないし、同時に市場メカニズムに対しても、恐ろしく無知であると言わなければならない。

もし仮に、私企業が極端に偏った思想信条を持ち、それに従って番組を構成した場合、この番組およびその企業の信条は、直ちに広く市場メンバー、すなわち多くの顧客層の前にさらされ、その判定を受けることになる。強い反感や嫌悪感を抱かせる内容であれば、よほど独占的な場合を除いて、顧客は他の企業を選好することができる。甚だしきに至っては、いわゆる不買運動に発展する場合もあり得る。

この意味で、ある程度の競争的市場を前提にする限り、私企業が恣意的に自分勝手な、あるいは非社会的な偏った思想信条を流布すると考えることはできない。視聴者が、偏った主張に基づく番組を忌避すれば、番組の視聴率は低下し、そのことは直ちにスポンサー企業の不利益に直結する。従って、民間スポンサーによる番組編成の方が、むしろ視聴者の反応に敏感にならざるを得ない。

要するに、ＮＨＫの受信料の強制徴収による番組編成の方が、スポンサー資金による番組編成よりも公平になるという論理は、むしろ正反対であり、強制性のある受信料によって支えられているからこそ、ＮＨＫは多くの視聴者の反感と嫌悪感に逆らって、偏向反日の姿勢を改めずにいられると考えられる。

第二に、私企業が皆同じような思想信条を持っているとは考えられないから、たとえ私企業が自分の信条に従って偏りのある番組編成をしても、多様な私企業による多様な番組編成によって、結局その偏りは平準化されるに違いない。

つまりこの点でもＮＨＫの主張は破綻しており、受信料の強制徴収によって成り立つＮＨＫの方が、多様なスポンサーの多様な信条が互いに打ち消し合う平準化現象を期待することができないため、全ての番組に亘って特定な偏りをあまねく維持することが可能となるわけである。

第三に、ＮＨＫは視聴者の批判能力や、放送番組に対する視聴者の意思表示を著しく過小評価している点である。かかる過小評価も、受信料の強制徴収という現在のＮＨＫの経営方法故の傲慢不遜な体質に依存していることを想起すべきであろう。民放経営においては、極端に低い視聴率や、強い反感反対の中で番組を続行することは難しいが、受信料を強制的に徴収する現在のＮＨＫならば、如何なる反論の嵐の中でも、図々しく放送を続行することができる。この点でも、受信料徴収による番組編成の方が公正性を保てるというＮＨＫの論拠は破綻している。

これらの論理的破綻は、何よりも公正からほど遠いＮＨＫの現状それ自体が、既に十分に証明している通りである。

それともＮＨＫは、視聴者の批判が間違っているものとはじめから前提して、いかに激しい反論の中でも、自己主張を続行できる今の制度を正当化しているのであろうか。もしそうだとすれば、ＮＨＫの受信料制度は恐るべきドグマティズムに基づいていると言わなければならない。

ＮＨＫのドグマティズムを支える受信料制度

以上検討してきたように、国営でもなく民営でもない特殊法人という現在のＮＨＫの組織形態が、国家機関としての責任も市場原理に基づく制裁も免れ得る、最も無責任な形態であり、とりわけ強制的に視聴料を徴収する受信料制度が、ＮＨＫのドグマティズムを支えていると結論づけることができる。

では、ＮＨＫの独断主義の中身である思想信条は何であるか。それは、既に述べたように、中国共産党の謀略機関である中央電子台および韓国放送局を、本部建物内に抱えている実態からして、先ず既に明らかであると言ってよい。

近年尖閣諸島をめぐって、極めて強引かつ横暴な蛮行を繰り返す中華人民共和国に寄り添う主張が目立つＮＨＫ。また、見るに耐えない韓国ドラマを垂れ流すＮＨＫの非常識を観れば、彼らの反日偏向の思想信条は明らかであると言う他はない。

韓国ドラマが見るに耐えない噴飯ものであるのは、韓国時代劇で色鮮やかな衣装が現れてくる点である。日本統治時代に朝鮮総督府は「色衣奨励策」を発令し、元来布の染色技術がなかったために、白衣ばかり着ていた朝鮮半島の人々に、汚れの目立たない色物を着るように奨励した。やらずもがなの大きなお世話で、実につまらぬ政令を出したものだと思うが、それも当時の半島人たちの白衣の汚れがそれだけ見るに耐えないほどの醜さだったからに他ならない。

いずれにせよ、この「色衣奨励」は、白衣民族とまでいわれた韓民族の誇りを踏みにじる差別的な施策であると反発も多かったが、後々の研究者もこれこそ日本の植民地・侵略的姿勢の権化として、口を極めて批判している[5]。それにもかかわらず、現在の韓国ドラマ時代劇で色とりどりの鮮やかな衣装が、さんざんに披露されるのはどうしたわけか。ドラマだから時代考証などどうでもよいという姿勢は、ＮＨＫの大河ドラマにも通じる論理である。

そういえば、史上最低の視聴率になった「平清盛」では映像が薄汚く、二時間後に放映される韓国時代劇は絢爛豪華なのも、日本より煌びやかだったはずの韓国王朝を演出したいＮＨＫの意図の表れに違いない。韓国時代劇の演出家もその尻馬に乗るＮＨＫも、元来かくも華やかであった韓文明が、日本統治によってすっかり惨めにされたと言いたいのである。

現在盛んに吹聴される、韓国王朝料理またしかりである。王朝料理の中に刺身を見かけるが、刺身文化は明らかに日本統治以降の食文化である。元来中華文明圏にあった朝鮮では、生魚を食べる文化はまず皆無で、従って海草や貝類を採取する漁労はあったが、漁業はなかった。だからこそ、李王朝は四四〇年以上も空島（無人島）政策を取っていたのである。ついでに述べれば、この空島政策の続いていた明治一四（一八八一）年まで、韓国は全ての島の領有権を放棄していたと言ってよいわけである。

反日の権化とも言うべき、中韓両国の放送局を本局のビル内に常駐させ、毎日反日宣伝工作の先棒を担ぐＮＨＫの偏向反日ドグマを打ち砕くためには、視聴料を強制的に徴収して勝手な放送を垂れ流すことを可能にしている、受信料制度を突き崩す以外にはないと考えるべきであろう。

第二章　ＮＨＫの放送法違反事例

以下では、公正な番組放送を規定している、放送法第四条に違反していると考えられる主な事例を紹介し、検討してゆくことにしよう。この事例の中には、実際訴訟に持ち込まれた事例も含まれているが、裁判所の判断に関しては、章を改め主として第四章で論じることにする。本章では明らかに事実に反する、あるいは明らかに偏向の甚だしい番組放映について、具体的な事例を紹介検討し、その問題点を整理しておくことにしよう。

第一節　「51年目の戦争責任」（ＮＨＫ教育）

既に論じたように、目障り耳障りな反日偏向が目立つＮＨＫでも、これを確実に追い詰めるためには、言い逃れのできない確たる客観的な不正を捉えて、これを指摘しなければならない。その意味で本節の事例は、ＮＨＫ側も「番組構成が公正さを欠いていました」と認めざるを得なかった重要な事例である。

驚くべき改竄事例

平成八（一九九六）年五月二〇日に教育テレビで放映された「51年目の戦争責任」は、教育番組にはほど遠い捏造番組であった。この番組では、慰安婦募集に関連して軍が出した通達文を改竄して紹介し、不正な方法で慰安婦を集めている不届きな業者を取り締まるよう指示した軍部について、不正な方法を用いてでも慰安婦を調達せよと命じていた証拠を突き止めたとして、その非道を嬉々として糾弾して見せたのである。

先ず、問題の資料「陸支密大日記」（防衛省防衛研究所蔵）[6]の原文を以下に紹介する。

陸支密

副官ヨリ北支方面軍及中支派遣軍参謀長宛通牒案

支那事変地ニ於ケル慰安所設置ノ為内地ニ於テ之カ従業婦ヲ募集スルニ当リ故ラニ軍部諒解等ノ名儀ヲ利用シ為ニ軍ノ威信ヲ傷ツケ且ツ一般民ノ誤解ヲ招ク虞アルモノ或イハ従軍記者慰問者等ヲ介シテ不統制ニ募集シ社会問題ヲ惹起スル虞アルモノ或イハ募集ニ任スル者ノ人選適切ヲ欠キ為ニ募集ノ方法誘拐ニ類シ警察当局ニ検挙取調ヲ受クルモノアル等注意ヲ要スルモノ少カラサルニ就テハ将来是等ノ募集ニ当リテハ派遣軍ニ於テ統制シ之ニ任スル人物ノ選定ヲ周到適切ニシ其実施ニ当リテハ関係地方ノ憲兵及警察当局トノ連繋ヲ密ニシ以テ軍ノ威信保持上並ニ社会問題上遺漏ナキ様配慮相成度依命通牒ス

この通牒文を、概略現代文に直せば以下のようになる。

支那事変地域での慰安所を設置するに当たって、日本国内で従業婦を募集する際に、ことさらに軍部の了解を得ているようなことを言って、軍の名を利用して軍の威信を傷つけ、また一般人に誤解を招くような業者がある。或いは、従軍記者や慰問者などを介在して無秩序に募集を行い、社会問題を引き起こしかねない業者もある。また、募集の担当者の中には不適切な者がいて、まるで誘拐のような方法を取る者までいて、警察に検挙され取り調べを受けているなど、注意が必要な者も少なくない。従って、将来慰安婦の募集に関しては、募集担当者の人選が適切になるよう十分注意し、関係地方の憲兵と警察は連絡を密にして、社会問題によって軍の威信が傷つくことがないように、十分に配慮するよう命令通達する。

さて以上、この通牒文の主旨が不正な業者の取り締まりに万全を期せ、という点にあることは明らかであろう。そして取り締まりに万全を期するため、軍と警察、すなわち官憲の相互連携を密にせよと命令通達しているのである。

しかるにNHKは、本通牒分の用語をつまみ食いしてつぎはぎし、慰安所設置、従業婦等ヲ募集、募集ノ方法誘拐ニ類シ、募集ニ当リテハ派遣軍ニ於テ統制シ、実施ニ当リテハ関係地方ノ憲兵及警察当局トノ連繋ヲ密ニシ、社会問題上遺漏ナキ様配慮、といった単語と文節を用いて、あたかも軍と警察が誘拐に類するような方法を用いてでも慰安婦をかき集め、しかもそれが社会問題化しないように、うまく収めるよう命じていたと放送したのである。誠に驚くべき改竄という他はない。

ここまでして、ＮＨＫは旧日本軍を、あるいは戦中・戦前の日本および日本人を悪に仕立て上げたいのであろうか。

偏向したゲスト選定

番組にゲストとして出演していたのは、中央大学の吉見義明教授、および神奈川大学の阿部浩己助教授（当時）であった。吉見義明教授は、悪名高き詐偽本『私の戦争犯罪』（吉田清治著 昭和五八〈一九八三〉年）に依拠しつつ、ひたすら旧日本軍の性犯罪を言い募り続けている人物である。

一方、阿部浩己助教授は国際法の専門家という立場で、このＮＨＫ番組に招かれており、当時国連で留意採択された「クマラスワミ報告」に基づき、日本政府が適切な謝罪・賠償を怠ってきたため、旧日本軍の性犯罪が遂に国際的な問題となったとの主旨で、法律家としての専門的見解を述べたわけである。

しかしながら、この放送当時すでに『私の戦争犯罪』に関しては、平成四（一九九二）年三月における秦郁彦千葉大学教授（当時）の韓国済州島での現地調査によって、当地で慰安婦狩りをやったとする吉田証言記述については、当時をよく知る住民からの裏付け証言が一件も取れず、全く根拠の無いデタラメであることが明らかとなったとの結論が公表されていた。公表時期は、平成四（一九九二）年四月三〇日の産経新聞が最も早く、次いで平成四（一九九二）年五月『正論』六月号、平成五（一九九三）年三月『文藝春秋』と続く。

特に平成五（一九九三）年三月、『文藝春秋』に掲載された秦郁彦教授の論文「昭和史の謎を追う」は、同教授の第四一回菊池寛賞受賞理由に挙がる著作となっており、番組放送期の平成八年に、ＮＨＫがこれを知らぬはずはない。『私の戦争犯罪』については、「51年目の戦争責任」放映のほとんど直後といってよい、平成八（一九九六）年五月二九日付『週刊新潮』誌上のインタビューで、著者吉田清治自身が史実証言に捏造があったことを認め、平成一〇（一九九八）年には秦教授との電話会見で、事実捏造を認め謝罪している。この経緯は、『慰安婦と戦場の性』（秦郁彦著 平成一一〈一九九九〉年）にまとめられている。

番組では、慰安婦募集において「強制連行があった」とする吉見教授が、ゲストとして史実改竄に基づいた自説を滔々と論じ、「強制連行はなかった」とする秦教授は、ビデオ出演で僅か一分間という不公平が、公然とまかり通っていた。

ＮＨＫへの抗議

番組視聴後、私は早速ＮＨＫに電話で抗議した。この番組の制作に当たったのは大阪ＮＨＫとのことであったので、大阪ＮＨＫに抗議の電話を入れた。電話口に出た首藤と名乗る女性プロディーサーとは、約四十分間にわたって問答をした。

首藤女史曰く「テレビ画面には限りがあるので、（軍中日誌の）全文を映し出すことはできなかった」との言い訳には、全く開いた口がふさがらなかった。通牒分の語句・文節を切り貼りしても、全体の主旨を要約的に正しく伝えているのであれば、それはもちろん許されるであろう。例えば、古事記や日本書紀のような古文書の解説に、長大な原文を全部映すなどと言うことは不可能である。要は、原文の主旨を正しく伝えているか否かである。

もちろん、私は「誘拐まがいの業者を取り締まれ」という通牒分の主旨を、「誘拐してでも集めて来い」という主旨に、正反対に改竄して放送したことが大問題なのだと抗議した。ゲストの不公平な編成、コメントの時間・分量の不公正も指摘した。長電話の末に、同プロデューサーは「番組構成が公正さを欠いていた」と発言し、番組の偏向を認めた。

その後、私は川口幹夫ＮＨＫ会長（当時）宛に、内容証明郵便で「51年目の戦争責任」に的を絞って、同番組が公正な放送を義務づける放送法に違反していることを指摘し、受信料の支払い拒否を通告した。その通告書の内容は、概略以下の三点である。

第一に、番組内で使用された歴史資料に、明らかに意図的な改竄がある点を論じた。いくら文語調の通牒文とは言え、普通に読めばその主旨が悪徳業者の取り締まりにあることは明らかであるし、また文語文の読み違え等全く放送局の言い訳にはならない。

第二に、一般視聴者への背信・詐欺行為と、不正な世論形成を断じて許さないという点である。私は、当時「昭和史研究所」（中村粲教授主催）を通じて、軍中日誌の原文コピーを持っていたため、NHKの史料改竄と反日キャンペーンの企図に直ちに気づくことができた。しかし、こうした史料原本の複写などを持っていない一般の視聴者は、この番組のウソを知る由もないはずである。受信料を徴収している視聴者を欺き、間違った世論形成を企図することは、明らかな背信行為であり、公正な放送義務を定めた放送法にも違反することは言うまでもない。

第三に、前記背信・詐欺行為への謝罪と反省、および善後策を要求した。すなわち、同じ時間帯・同じ時間数で、同番組の不公正を視聴者に謝罪し、修正番組で真実の報道をすることを要求した。

NHK側の対応

「不払い通告書」送達の約二週間後、NHK視聴者センターより電話で連絡があった。長丁場の歴史論争に備えるため、電話台近くに運んでおいた関連資料の一部を広げる私に、電話の主が訊ねた質問は意外なものであった。

「会長宛に七月一日付けで、不払い通告を確かに受けとりました。でも、六月三〇日に受信料は既に、ご指定の銀行口座から引き落としになっておりますが、いかがいたしましょうか？」想定外の質問に、しばし間を置いて、

「それはこれまでの分ですか、それともこれからの分ですか？」

「お先払いになっておりますので、それでお安くなっております」

「別にお安くならなくても結構だが、これからの分なら返還していただきたいですな」

「では、ご指定の銀行口座に返還させていただきます」

それから数日後、ＮＨＫは約束通り先払い分の受信料を返納してきた。当時はこのＮＨＫの紳士的な対応に、半ば感心したものである。

しかしながら、その後同番組に関する謝罪も修正もなく、それどころか平成一三（二〇〇一）年一月三〇日には、「ＥＴＶ２００１　問われる戦時性暴力」なる番組（次節にて検証）で、慰安婦強制連行についてこともあろうに昭和天皇と日本政府の責任を問うという主旨の放送をしている有様である。従って、「不払い通告」以来現在に至るまで、一切受信料支払いと受信契約を拒否し続けている。

さて、その後さまざまな受信料支払い拒否や、受信契約解約申請に対する、ＮＨＫ側の対応事例を知るにつれて、私のような事例はむしろ例外的なケースで、自らの非を認めず受信料を何が何でもむしり取ろうとするＮＨＫのあくどさと、相手を見て対応する狡猾さに気づかされるようになった。

当時中村粲獨協大学教授を代表として、「昭和史研究所」と共に、ＮＨＫの反日偏向報道を検証し、これに抗議する団体として「ＮＨＫ報道を考へる会」を併設していた。この組織を通じての抗議活動については次章で詳述するが、さまざまな事例を見聞して感じ取ることのできるＮＨＫ側の対応には、次の様ないくつかの特徴がある。

先ず第一には、抽象的ないし感情的な抗議に対しては、ＮＨＫはほとんど柳に風、あるいは蛙の面に水といった対応に終始する。のらりくらりと論点をそらし、「日夜公正な放送をめざして研鑽を重ねている」などといった基本姿勢を繰り返すばかりである。

第二に、相手の出方を見て弱いと判断するや、高圧的な態度を見せ、法的な恫喝をも駆使して、受信契約と受信料支払いを強要する。ここに言う弱さとは、単に応対のあり方のみならず、例えば歴史的ないし法律的な知識に関する弱さを意味する。

要するに、ＮＨＫには原則的に「受信契約と受信料は、取りやすい者から取る」という基本姿勢があると考えることができる。ＮＨＫへの抗議活動を考える上では、このＮＨＫ側の基本姿勢をしっかりと認識しておく必要があるであろう。

ゲスト教授等のその後の論調

さて、「51年目の戦争責任」に出演した二人のゲストについて、その後の論調を確認しておくことにしよう。

先ず、吉田清治著『私の戦争犯罪』を唯一の慰安婦強制連行の論拠として、自説を組み立てていた吉見義明教授は、前述の如く平成八（一九九六）年、著者の吉田自身が史実捏造を自供すると、その論拠を失った。以来彼は、本人の同意を得ない詐欺による募集を「広義の強制連行」等と詭弁を弄するようになるが、そうだとすれば、その広義の強制を排除したものこそ、悪徳業者取り締まりを命じた「陸支密大日記」であったはずであろう。

苦しい詭弁を弄した吉見氏だが、彼自身早くも翌年の平成九（一九九七）には、強制連行の未確認を認めている。

しかし、ＮＨＫは平成一三（二〇〇一）年に再び慰安婦強制連行があったという立場の番組『ＥＴＶ２００１　問われる戦時性暴力』を放映するしぶとさを見せる。この番組の主要な放映対象となった「女性国際戦犯法廷」には、吉見義明教授も証言者として出演している。ステージ上には大きく「陸支密大日記」が掲げられており、吉見氏自身は必ずしも強制連行の事実は確認されていないと前置きするが、番組映像からして「陸支密大日記」が強制連行の証拠としてのイメージを演出する効果を十分に発揮していた。少なくとも、「51年目の戦争責任」を見た覚えのある多くの視聴者は、修正も謝罪もない以上、番組映像から「陸支密大日記」を強制連行の証拠と見なさざるを得なかったはずである。

二人目のゲスト阿部浩己助教授は、私と同じ神奈川大学に所属していたので、「51年目の戦争責任」に関して質問するため、法学部の研究室を訪ねた。彼は同番組で、国際法学者として国連における「クマラスワミ報告」を解説し、日本の性奴隷制度が国際社会での問題として注目されるようになったという主旨の発言をした。

これに対し私は、クマラスワミ氏は秦郁彦氏に取材をしながら、秦教授の証言を歪曲して報告書を造っている事実をどう考えるかについて質問した。秦郁彦氏の「従軍慰安婦問題――歪められた私の論旨」（『文藝春秋』一九九六年五月号）[7]によれば、「軍が慰安婦を強制的に徴用したような証拠はない」との秦氏の発言が、「秦氏も強制的な徴用があったと言っている」と言う主旨に書き換えられているという。

例えばクマラスワミ氏が、「秦教授はなかったと言っているが、私はあったのではないかと思う」と報告書に書くのは、彼女の勝手である。しかし、「ない」との証言を「あると言った」と報告書に書くのは偽造であり、報告書としてなっていない、報告書の体を成していないとは思われないのかと質問したわけである。

一時間近い議論の後、阿部浩己助教授は、「クマラスワミ報告は、それ以前の研究業績が生かされていないという意味において、大いに問題がある」と、その問題点を認めた。

第二節　「ＥＴＶ２００１　問われる戦時性暴力」

平成一三（二〇〇一）年一月三〇日に放映された同番組は、〝バウネット・ジャパン〟なる市民グループが主催した「女性国際戦犯法廷」と称する裁判形式の集会を紹介し、スタジオでこの集会に好意的な解説を付けたものである。同番組の基調は、人道に対する罪や性暴力などに対してこれを厳しく糾弾する風潮が世界中で広まっているにもかかわらず、旧日本軍によるアジア地域での性暴力は、未だに不問に付され続けているから、しっかりと問い糺されねばならないという主旨に基づくものであった。

飽くことなき捏造

「法廷」を自称する集会は、弁護人無しで糾弾役の検事のみ、入場者も糾弾の主旨に賛同する人のみに限定されるなど、到底裁判の体を成す代物ではなかった。番組でＮＨＫの司会者は、「裁判としては形式上問題があるにせよ」と断り書きを付けつつも、こうした旧日本軍の蛮行を改めて問い糺す意義を強調している。

このように、事実検証に目をつぶって「従軍慰安婦強制連行」や「日本軍による性奴隷制度」といった、明らかに史実に反する事実ではない事柄を、あったという前提で構成する番組は、明らかに放送法第四条の三「報道は事実をまげないですること」に違反している。もしＮＨＫが、「性奴隷制度があったとする団体の集会という、事実を放映しただけだ」と抗弁したとしても、その放送は同四条の二「政治的に公平であること」及び四条の四「意見が対立している問題については、できるだけ多くの角度から論点を明らかにすること」に違反していることは明らかである。

この法廷なる集会は、日本軍の蛮行などがあったかなかったかを真面目に議論ないし論争する姿勢は皆無であり、あったという立場からの糾弾のみが延々と続けられる「裁判ごっこ」に過ぎなかった。例えば、根拠が曖昧で裏付けが取れていない被害者の証言が続き、日本政府と昭和天皇の戦争責任を問うという、かの復讐裁判と言うべき「極東国際軍事裁判（東京裁判）」も顔負けの「似非法廷」に他ならなかった。

ＮＨＫがかくも偏向した特定団体の集会を放映するにいたたった経緯については、『別冊正論』Extra.12　桑原聡「『女性国際戦犯法廷』というプロパガンダに荷担したＮＨＫの責任」に詳しい[8]。放送間際になって、偏向の凄まじさを知ったＮＨＫ幹部が放送内容を一部慌てて修正し、「昭和天皇を強姦罪で死刑に処する」という判決部分の放送をカットした。このことが後に、朝日新聞による「ＮＨＫは政治圧力に屈した」とする言いがかりの原因となり、左翼メディアの双璧による恥知らずな泥仕合、噴飯ものの狂騒痴態のきっかけとなる。

番組中の紹介ビデオでは、前節で既に論じたように「陸支密大日記」を演壇上に大々的に披瀝して、解説する吉見義明教授が映し出されている。この時吉見教授は、慰安婦の強制連行に関しては必ずしも確証なしとの立場を取ったとされるが、この映像全体の印象からすれば、到底そう受け取れるものではない。むしろ従来のように、慰安婦強制連行の動かぬ証拠として、得々と糾弾演説をしているようにしか見えない。

全体論で日本罪悪史観をゴリ押しする不合理な論法

この似非法廷集会では、「戦時下における性暴力」とか「戦時下での女性の人権」等々の表現が多用され、議論を盛んに一般化している。この基本姿勢は、シリーズで放送された後続のＮＨＫ番組にも貫かれており、例えば東チモールの独立戦争の際、兵士に暴行されたという女性が証言に立ち、またアフリカ各地での戦闘において、暴行被害にあった女性の事例などが次々に紹介される。

こうした企画の根底には、戦争という異常事態では、婦女子の暴行は当然あり得るという全体論を先行させて、「日本軍だけが例外だとは言えないはずだ」という論調を創り上げ、個別事例としての検証を度外視して、「虐待があったはず」「強制があったはず」との論旨を正当化してゆく強引で不合理な論理展開がある。

全体論は、あくまでも個別事例の検証の積み上げの上で構築されねばならぬはずであり、個別事例の検証はあくまで個別事例ごとの事実と証拠に基づいてなされなければならない。

従って例えば、アフリカやチモールでの戦時性暴力がいかに真実であったとしても、その事例の積み上げによる一般論で、時代も国情も全く異なる日本軍に関して、性暴力の存在を類推によって傍証することなど決してできない。

それどころか、日本軍官憲による強制連行などの証拠は、河野官房長官談話（平成五年八月〈一九九三・八〉）の際、あれほどの国内外にわたる調査にもかかわらず、ただの一件も見つかっていないことは、その後の石原信雄官房副長官証言（平成九年〈一九九七〉『文藝春秋』四月号[9]）に既に十分明らかなはずである。強制を訴える自称元慰安婦のうち、裏付けの取れた証言は未だに一件もなく、しかも無理矢理連れて行かれるところを見たという目撃証言も皆無である。かかる事実検証を一切無視して、「戦時下の暴力と女性」といった一般論で個別事例を実証なしに断罪する論法は、共産主義の陰険な圧政に通底している。

第一、慰安婦は暴行されたのではなく、反対給付に基づく商行為であって、彼ら反日勢力の愛用する「性奴隷」等では決してない。かかる表現は、むしろ古里の家族のために身売りした貧しくとも健気だった多くの女性たちを、ことさらに侮辱するものであるとさえ言わなければならないであろう。

第二に、慰安所経営は戦地といえども、比較的平穏な状況においてなされていたもので、混乱状態でのどさくさ紛れの暴行などとはほど遠いものであった。慰安所開設の主旨は、まさにかかるどさくさ紛れの暴行などと言う、忌まわしい性犯罪を防止する意図にあったとも言え、つまり慰安婦制度は「戦時性暴力」とは対極にある、性暴力抑止の企図に基づくものであったと言うべきである。

また、世界の戦争における性暴力を問題にすると言うのであれば、その真相がはっきりしている尼港事件（一九二〇年ロシア共産パルチザンによる日本居留民三百八十四名に対する陵辱虐殺）、通州事件（一九三七年支那保安隊による日本居留民二百六十名に対する陵辱虐殺）、さらに大東亜戦争末期から戦後にかけてのソビエト軍による満洲での暴虐、などを何故一切議論の俎上に上げなかったのか。これらの事件こそ、しっかりした証拠のある、悪鬼も及ばぬほどの恥知らずの蛮行に他ならない。

それを何故、裏付けの取れた証拠が未だに何一つない、慰安婦の強制連行にこだわり続けるのか。これだけでも、この似非法廷集会が声高に言い募る、女性の立場や戦時下における無辜の一般市民の人権などには実は何の関心もなく、ただ反日的政治活動を目途としているその真意を看破することができる。

善良な市民を敵にする「みなさまのＮＨＫ」

「女性国際戦犯法廷」などと、耳目をひかんかなの単語を並べ立てた似非裁判集会の体たらくは既述の通りだが、極端に偏向しきったこの反日集会へのＮＨＫの入れ揚げ方は尋常ではなかった。開催日（平成一二年〈二〇〇〇〉一二月八日）前後から放映日までの一ヶ月余にわたって、ＮＨＫは「おはよう日本」「ＮＨＫニュース７」「手話ニュース」等々の番組をフル活用して、「民間国際法廷」開催をあたかも世界の一大潮流の如く喧伝した。それもそのはず、ＮＨＫは主催団体〝バウネット・ジャパン〟と、その実連繋していたからに他ならない。桑原聡氏（『別冊正論』二〇〇九・一一・一八）[10]によれば、この似非法廷集会の運営委員に名を連ねていた池田恵理子なる人物は、なんとＮＨＫエンタープライズ21のプロディーサーであるという。

確かに、この余りにも極端な偏向報道の波及効果は大きく、良識ある多くの日本人にこの集会への嫌悪感と、ＮＨＫの報道姿勢への深い不信感をまき散らした。詳細には不案内ながらも、良識的な一般視聴者の多くに対して、怪しげな反社会的組織と内通するＮＨＫの胡散臭さを、自ら暴き立てる番組となった。

反日似非法廷集会を主催した、〝バウネット・ジャパン〟の松井やより代表は、その後も同様の主張を個人講演会などで繰り返したが、きてれつな自説を権威付けるために、くだんのＮＨＫ番組をビデオで上映していた。集会開催日当日は、賛同者しか入場が許可されない秘密集会であったが、後の講演会では率直に質問し反論を唱えようとする立場の人も参加可能となったらしい。

川久保勲氏（『正論』二〇〇二・一二月号）[11]によれば、平成一三（二〇〇一）年三月、横浜で行われた松井やより講演会では、先ず「女性国際戦犯法廷」のビデオが上映されたという。賛同者以外入場を許さなかったこの秘密集会のビデオには、さすがのＮＨＫでさえカットしたという判決部分の映像も映っていた。ビデオの終盤に、先帝陛下を強姦罪で死刑に処するなどという狂人の讒言《ざんげん》を合図に、手に手を取った人波がうごめく会場内の狂態が映し出されると、これに呼応して講演主催者たちが拍手を送ったという。

元来、尊皇愛国の志操堅固な川久保氏は、この侮辱に耐えかねて、思わず飲みかけのお茶缶を投げつけたという。これを好機として、バウネットのメンバーらは神奈川県警を巻き込み、重大な政治犯罪の被害者を演出し、川久保氏をその後四ヶ月半余りに及ぶ、長期拘留に追い込んでゆく。我が国随一の最高学府を卒業し、健全な青少年育成のために私塾を経営する善良な国民を、敢えて政治犯に追い込んだものは、単に過激な反日思想それ自体ではない。

過激な反日思想などと言うものは、行くところへ行けばそれこそ掃いて捨てるほどある。いかなる愛国者といえども、いちいちそんな手合いを追い回しているヒマはない。問題は、公共放送ＮＨＫが、かかる極端な反日偏向組織の集会に、与する報道をしたことにこそある。ＮＨＫの報道によって、松井代表らの不正義は今の日本に降りかかる、無視できない現実的な災厄となった。少なくとも、川久保氏たちの目にはそう映ったに違いない。

川久保氏の保釈後も、共に行動した他のメンバーのさらなる拘留は、その長過ぎる拘留の不当性が衆議院議員西村眞悟氏によって、国会論議の俎上に上げられるまで続いた。他のメンバーがようやく保釈を迎えた平成一四（二〇〇二）年七月三〇日から、川久保氏の拘留期間にほぼ等しい四ヶ月半余りの間、今度は引き替えるように首謀者松井やより代表が、こちらは逃れようのない肝臓ガンに捕えられ、同年一二月二七日に死んだ。

かくして、反日偏向報道によって良識的で善良な視聴者をことさらに刺激し、反感を煽って犯罪者に仕立ててゆく陰険な深慮遠謀こそ、「みなさまのＮＨＫ」の正体であることを知らなければならない。

第三節「シリーズ・ＪＡＰＡＮデビュー、アジアの一等国」

平成二一（二〇〇九）年四月五日に放映された、「ジャパンデビュー、アジアの一等国」。この番組の悪質さについては、例えば『別冊正論』（二〇〇九・一一・一八）[12]に掲載の諸説に見る如く、既に諸賢の論ずる通りであるが、当該番組の問題点を改めて整理し、ＮＨＫ側の意図を分析しておきたいと思う。さらに、その後の集団訴訟の実情を略説すると共に、今後我々の取るべき対応策について概観しておくことにしよう。

問題点の整理

台湾出身の評論家黄文雄氏によれば、この一時間足らずの番組の中になんと一一六ヶ所にものぼるウソがあるという（中山成彬「『議員の会』を欺いた二通の回答書」前掲『別冊正論』〈二〇〇九・一一・一八〉）。正にウソで固めたような番組内容であるが、主な問題点は以下のように整理できるであろう。

（一）「日台戦争」を史実として伝えたこと
（二）取材に協力した証言者の多くが、証言主旨と異なる編集をされたとする番組構成
（三）取材時点と放映時点で、異なるインタビュー内容

（四）番組製作当初からの悪意の存在

以下、この問題点に即して、番組内容を検討しよう。先ず、番組では日本の台湾領有直後に「漢民族としての伝統や誇りを持つ台湾人が、日本の支配に対して激しく抵抗……戦いは全土に拡がり、後に「日台戦争」と呼ばれる規模に拡大」とのナレーションで、「日台戦争」をテロップまで出して説明している。

このナレーションの第一のウソは、台湾人が漢民族としての伝統と誇りに基づいて、日本の支配に抵抗したという点にある。台湾人の祖先はマレー・ポリネシア系の先住民といわれ、漢民族との混血があったとはいえ、明朝時代に化外の地にあった彼らが漢民族としての伝統を継承していたとは到底考えられない。さらに、清朝の統治によって流れ込んできた人々は満人であり、そこでも多くの混血がなされており、台湾人が漢民族としての伝統や誇りを持っていたと断定するのは強引すぎる。

聞いたこともない「日台戦争」への非難に対して、NHKはこれを使用する歴史家の名前をホームページ等で紹介して学界の定説であると抗弁し、また日本軍戦死者が五千名も出ている点などを論拠に「戦争」表現の正統性を強弁する。しかし、いかなる歴史学会でも「日台戦争」は決して定説などではなく、また五千名の戦死者といっても四千六百四十二名はマラリア等の伝染病による戦病死者であり、実際の戦闘による死者は三百五十八名であった（中山成彬、前掲書）。ここに、第二第三のウソがあり、かかる事実をまげた報道は、放送法第四条に違反していると言わなければならない。

当番組は、日本統治時代を直接または間接的に知る、現地台湾の人々の証言に基づく形で進められているが、放映後自分たちがＮＨＫの取材に対して答えた主旨と全く違った内容になっているとの批判が、多くの現地台湾の証言者たちから寄せられている。ＮＨＫは、証言内容の改竄を否定しているが、証言者本人が違っているという以上、それは問題なしでは済まされまい。まして、証言者のほとんど全員が放映内容を「おかしい」と言っているのである。たとえＮＨＫに悪意がなくても、いや悪意がないのであれば、こうした証言者たちの批判は、当然撮り直しに値する大問題であるはずだ。

にもかかわらずＮＨＫは、撮り直しどころか一顧の反省心すらなく、自分たちの編集権を楯にとって、放映内容に問題なしという立場を貫いている。以下、具体的に証言内容の実例を見てゆくことにしよう。

恐るべき証言の改竄

例えば、台湾の元医師柯徳三氏は、二回にわたってＮＨＫによる長時間のインタビューに答えたが、極めていびつな編集を受けたという（河添恵子著「『騙された！』〝反日台湾〟を捏造した許されざる取材手法」前掲『別冊正論』二〇〇九・一一・一八）。日本による台湾統治の五十年間について訊ねられた柯氏は、烏山頭《うざんとう》ダムを造った八田與一技師の業績や、八田技師の長男と同級生だったという話を熱心に話したという。もちろん、日本統治が何から何までバラ色というわけではない。日本本土出身者と台湾出身者との間には、給与などの点で差があったことも事実である。後に、スカイパーフェクトTVの「日本文化チャンネル桜」による取材によって明らかになったところによれば、NHKは「何か差別はなかったか、何かあったでしょ」と、かなり執拗に問いただしたという。そこで柯氏は、「そういえば、弁当のおかずのことで、からかわれたことがあったなあ」という具合に答えたという。

結局、くだんのNHK番組では、柯氏が熱っぽく語った日本統治の優れた点、統治時代の楽しかった想い出等は全部カットされ、問題のあった点や残念でイヤな思い出のみが放送された。しかも、二回目の取材では、最初の取材の時と同じ服装になるよう要請されたという。こうして、NHKは二回にわたる取材で得た発言のうち、反日の材料となるような内容、反日感情の発露と解釈できそうな話を、後づけのナレーションなどと組み合わせて、取材の順序にとらわれることなく、自由自在に取材ビデオを切り貼りし、「未だに日本を恨む台湾人の〝実証事例〟」を捏造した。だからこそ、証言者の柯氏自身がNHK取材に騙されたと言っている訳である。柯氏がNHKの番組責任者に抗議しても、言い訳がましい抗弁に終始し、その後は一切連絡が取れない状態であるという。

また、番組では「人間動物園」なる表現が出てくる。日本が、日英博覧会で台湾原住民のパイワン族を「人間動物園」として見せ物にしたとし、これが南方アジアやアフリカなど植民地の人々を「人間動物園」として見せ物にしていた当時の欧米列強国のさもしい猿マネだったとＮＨＫは言いたいのである。

しかしながら、博覧会での各郷土の紹介では、日本国内各地方の生活ぶりも紹介されており、パイワン族をことさらに「人間動物園」等と呼んだり表記したという記録も一切ない。ヨーロッパ人が、当時アフリカ人を「人間動物園」として見せ物にしていたからといって、日本がパイワン族の人たちを「人間動物園」扱いにしていたと推論できる実証的論拠にはならない。

第一、ＮＨＫはパイワン族への取材時には「人間動物園」という言葉を一度も使っていない。これも後のチャンネル桜による調査で明らかになったことである。ＮＨＫ番組では、パイワン族の盛装で出演した男性の娘が、日英博覧会で自分の父親が人間動物園として展示されたことについて、「悲しい」と言った場面の影像が流されている。しかし、この男性の娘によれば、日英博覧会への出演の話は、現地ではむしろ良い想い出として語り継がれているという。「悲しい」の発言は、「亡くなったお父さんの写真を見てどうですか？」というＮＨＫ取材者の質問への回答だったという。それをＮＨＫは、「人間動物園として展示されたことについてどう思うか」と、違う質問に抜き変えて番組を編成した。展示等という表現もＮＨＫが後にナレーションで入れた言葉である。出演者当人に対しても、当時の日本側主催者に対しても、実に無礼な表現ではないか。とにかく取材時にＮＨＫは、「人間動物園」と言う言葉は一切使っていない。この言葉が、取材後の編集時点で始めて使われたことは、ＮＨＫの番組制作者自身が認めている。

中国共産党と通底する制作意図

かかる強引きわまる改竄には、親日国台湾を日本から引き離し、かつ日本にも台湾への贖罪意識と嫌悪感を抱かせ、台湾を中共の一部とする観念を植え付けようとする意図が、露骨に働いている。既に述べたことだが、ＮＨＫのセンタービル内には、中国共産党の謀略機関「中央電視台日本支部」が同居している。

中共国の台湾侵略の先棒を担ぐこの番組への、囂々《ごうごう》たる非難に対してＮＨＫは、開き直りとしか言えないような対応に打って出た。あたかも方向感覚に異常を来たしたウミガメが、還るべき海に背いて山中に迷い込むかのように、大組織ＮＨＫはシナの死神キョンシーにせつかれながら、ノソノソと組織の墓場へ歩み始めたらしい。

先ず、当番組に対する抗議のため公開討論会を申し入れた「日本李登輝友の会」に対して、番組制作責任者河野伸洋エグゼクティブ・プロデューサーは、「番組は偏っても間違ってもいないのだから公開討論会の必要はない」と拒否し、日向英美放送総局長は「番組に全ての要素を盛り込むことはできない」と擁護し、さらに福地茂雄会長（当時）もホームページで、二万六千冊もの関連文献の精査を根拠に「三回番組を見たが、こういう見方もあり得る」とし、日台関係に関する「新しい発見」などと述べている（大谷英彦著「福地会長、ジャパンデビューは本当に問題なしですか」前掲『別冊正論』二〇〇九・一一・一八）。

インタビュー内容を取材後に変化させ、また発言者の発言主旨を歪曲するという不正な取材方法と編集によって作られた当番組は、言わばウソを並べ立てた報道である。確かに「番組に全てを盛り込むことはできない」としても、当該番組は「ウソばかりを盛り込んだ」のであり、「新しい発見」などでは断じてなく「ウソの発見」に他ならない。

二万六千冊の文献調査についても、番組制作期間がわずか三ヶ月余りしかなく、ＮＨＫがホームページで主張する「日本統治50年を記録した二万六千冊の『文書』を丹念に読み解いた」などという説明は、明らかにウソであるとの内部告発が出る始末である（ＮＨＫ放送総局匿名職員「こんなに杜撰だったJデビューの制作現場」前掲『別冊正論』二〇〇九・一一・一八）。この匿名内部告発によれば、「どんなに手分けしても、その百分の一の文書も読み解けなかった。せいぜい、背表紙を数えたりパラパラめくった程度だったはず」という。

南京大虐殺三十万人と同じ荒唐無稽な二万六千冊

番組制作期間がわずか三ヶ月余りなら、文献調査期間は高々一ヶ月半というところであろう。文献の質や量にもよるが、プロの研究者でも「丹念に調査」するとなれば、一ヶ月半で百冊、どんなに頑張っても二百冊が限界である。一日に二～四冊の文献の要約を作成する労苦を考えればすぐに分かることである。

とすれば、二万六千冊の文献精査のためには、少なくとも百三十人の専門研究者が必要になる。大学二〜三学部分の教授が、一ヶ月半張り付かなければならないタイトな研究プロジェクトである。しかも、百人を超える専門研究者の研究成果をまとめて、整合性のある調査結果を出すには、どんなに急いでも、さらに半月はかかるであろう。

要するに、「日本統治50年を記録した二万六千冊の文書を丹念に読み解いた」などというNHKのホームページ記事こそ、ウソ番組捏造の傍証とするに十分な、語るに落ちたデタラメに他ならない。荒唐無稽な南京大虐殺三十万人と同質な、救いがたいウソつき体質が、内部に抱える「中央電視台」を通じて、NHKに伝染したとしか考えられない。

それにもし、それだけの文献を精査しながらあのような番組を作ったというなら、それこそ過去の研究業績を故意に踏みにじる意図を持っていたことになる。精査された文献の主旨と番組内容の整合性が、改めて問い直されなければならないはずである。

その意味では、NHK匿名職員による内部告発は、もっともな情報と言えよう。しかしながら、この番組が「日台離反をもくろむとか、中国共産党の片棒を担ぐといった大それた目論見ではなく、単にディレクターの意識の低さと取材のお粗末さ、上層部のチェックの甘さという、次元の低い問題だった」とする告発内容は眉唾である。敢えて穿《うが》った解釈をすれば、この一種自虐的な告発こそ、杜撰な番組作成の告白と引き替えに「確信犯」疑惑を逃れる方便であるかも知れない。

　ＮＨＫの番組制作者や管理者たちは、決して無能だったわけでも不注意であったわけでもない。彼らは、明らかにある意図に基づいて取材内容を編集し、証言と資料を歪曲したはずである。その意図こそ、前述の内部告発がさりげなく否定する、「日台離反」と「中共宣伝工作の片棒を担ぐ」悪意に他ならない。

かくして「一万人訴訟」は提訴された

　ＮＨＫの厚顔無恥な自己弁護がしぶとく繰り返される以上、証言者たちがＮＨＫを告訴したのは言わば一種の自己防衛である。考えてもみるがよい。自分の証言がねじ曲げられて、無実なはずの被告人が犯罪者とされたとして、この成り行きを黙って見逃せるまともな証人がいるであろうか。

　ＮＨＫの取材に応じた現地台湾の人々を中心として、偏向報道によって知る権利を侵害されたとする一般視聴者も共に、一万三百人に上る原告団を形成し、ＮＨＫを告訴した。その争点は十一項目からなるが、以下では主な争点を三点に整理して解説しよう。

　第一には、詐欺まがいの取材と捏造的な編集行為である。第二には、誘導的な取材と偏向著しい編集姿勢であり、第三には、放送法に基づくＮＨＫと視聴者の権利・義務関係についてである。

第一の論点については、既に述べたパイワン族に対する取材のあり方が、具体的な論争の焦点となった。取材時と異なる文言で質問内容を変えて、違う質問に対する答えを貼り付けるなどといった編集は、詐欺以外の何物でもないはずである。

第二の論点については、何徳三氏に対する質問の仕方や、長時間にわたる日本統治の優れた点に関する証言を全てカットし、わずかな不満や問題点に関する証言のみを放映したことがそれに当たる。

第三の論点は、かかる極めて偏りのある、恣意的な取材と編集の仕方が、公正な放送を義務づけた放送法第四条（旧放送法三条）に違反しているから、同じ放送法の規定六四条（旧放送法三二条）を論拠にして、受信料支払いを強要することはできないはずだという点である。

驚くべき東京地裁の判決

三年にわたった裁判の判決は、平成二四年一二月一四日東京地裁において言い渡された。判決はNHK側の全面勝訴という驚くべき代物で、判決内容は正に目を疑う非常識という他はない。上述の三点に従って、判決文を検討してみることにしよう。

先ず第一の論点、パイワン族に対する取材の際、日英博覧会に出演した男性の娘である高許月妹氏（原告）に対して、「人間動物園」と言う言葉を使わずに父親について取材し、亡父を偲んで「かなしい」という高許氏の発言を引きだし、後の編集時点でこの直前に「人間動物園」に関するナレーションを挿入し、あたかも父親が日本によってイギリスで見せ物扱いにされたことを悲しがっているかのように構成した行為について、判決は被告ＮＨＫ側の編集権の名の下に問題なしとしている。

あきれる他ない不当な判決だが、余りにも信じがたい判断であるから、以下判決文の原文を掲載する。

判決文、第3の1（1）イの（エ）

被告が本件番組において、原告高許らに対する取材時に使用しなかった「人間動物園」という言葉を使用したことは争いがないところ、放送法上、放送事業者がどのような内容の放送をするか、どのように番組の編集をするかは、表現の自由の保障の下、公共の福祉の適合性に配慮した放送事業者の自律的判断に委ねられている。したがって、被告が本件番組において、取材時に使用しなかった「人間動物園」という言葉を使用し、原告高許の本件各発言を「人間動物園」に関する場面に入れたとしても、被告の自律的判断によるものであるから、原告高許の人格権を侵害していると認めることができない。

この判決文の論理に従えば、放送業者は取材内容をまるで飴細工のように、いかようにでも好き勝手にねじ曲げ、自分たちの企図したシナリオ通りに創り上げることができるということになる。判決文中に見える、放送事業者の自律的判断に対する唯一の規制らしきものは、「公共の福祉の適合性に配慮した」という部分だけである。しかしながら、親日国台湾の先住民パイワン族の間で、良い想い出として語り継がれている日英博覧会出演を、取材と編集のトリックを駆使して、日本人によって外国で見せ物にされて悲しがっている様子として放映することの一体どこに、「公共の福祉の適合性」への配慮があるというのであろうか。

第二の論点についても、東京地裁は放送業者の番組編集権を論拠に問題なしと判断している。

第三の論点については、放送法の受信料支払に関する規定は、ＮＨＫの財政基盤をつくり、他からの干渉を受けずに表現の自由を確保させているから必要だと結論している。さらに、放送番組内容と受信料との間に、私法上の対価性があると解することは困難であり、対価性を認めた明文の規定はないと述べている。

こうした一連の東京地裁の判決・判断によれば、ＮＨＫが何をどう放送しようとも自由で、放送番組の内容にかかわらず、テレビを持っている者は受信料を支払わなければならないということになる。

画期的逆転勝訴！　東京高裁

もちろん原告団は、上記のような判決に納得できるはずはない。証言者自身が証言を歪曲されたとしているものを、何故編集権で押し切れるはずがあろうか。誠心誠意の協力を惜しまなかった現地台湾の人々を侮辱する表現の自由など、認められるはずはない。

証言者を中心として二十数名の原告が、東京高裁に上告した。高裁はその後、証拠・証人の再調査を進めた上、平成二五（二〇一三）年一一月二八日、画期的な逆転判決を下した（裁判長裁判官・須藤典明、裁判官・小川浩、裁判官・島村典男）。すなわち、原告の一人高許月妹氏に対するＮＨＫ側の名誉毀損を認定し、損害賠償金百万円の支払いを命じた。

裁判の論点は、番組内で使用されたくだんの「人間動物園」なる表現が、パイワン族の人々に対する名誉毀損に当たるかどうかという点であった。判決では、ＮＨＫの事前の取材要請や説明の段階で「人間動物園」と言う用語は一切使われなかったのに、番組編集時に突然動物扱いで展示されたという意味で、この用語を用いた取材および編集の方法の狡猾さにも言及した上、名誉毀損に相当することが認められた。以下、判決文の重要な部分を抜粋しつつ、検討してみよう。

先ず、東京高裁はＮＨＫ側の番組編集の基本姿勢に対して、以下のような注目すべき判断を下している。すなわち、「……一九一〇年の日英博覧会に志と誇りをもって出向いたパイワン族の人たちを侮辱しただけではなく、好意で取材に応じた控訴人高許を困惑させて、本来の気持ちと違う言葉を引き出し、「人間動物園」と一体のものとしてそれを放送して、控訴人高許が有していた父親はパイワン族を代表してイギリスに行ったことがあるとの思いを踏みにじり、侮辱するとともに、それまで控訴人高許がパイワン族の中で受けていたパイワン族を代表してイギリスに行った人の娘であるという社会的評価を傷つけたことは明らかであるから、その名誉を侵害したものであり、不法行為を構成するものというべきである。」

また、番組内で使用された「人間動物園」と言う表現を、「見せ物」と同じ意味で用いたと強弁するNHKに対しては、次のように糾弾する。すなわち、「……「人間動物園」という言葉は、多くの人にとって人種差別的な意味合いを感じさせる言葉であって、嫌悪感すら感じる言葉であり、広く娯楽一般を意味する「見せ物」という言葉とは本質的に意味合いが異なるものであり、被控訴人ら（NHK）が主張しているように、「人間動物園」と「見せ物」が同義であるなどと言うことは到底あり得ないことである。」

誠に当を得た判断であり、狡猾な取材方法にも言及した上で、偏向した番組内容に立ち入った刮目すべき裁判所判断である。さらに、次の如く続く東京高裁判断は、もはや痛快の一語に尽きるとも言うべき名裁きである。

すなわち、「本件番組は、日本の台湾統治が台湾の人々に深い傷を残したと放送しているが、本件番組こそ、その配慮のない取材や編集等によって、台湾の人たちや特に高士村の人たち、そして、七十九歳と高齢で、無口だった父親を誇りに思っている控訴人高許の心に、深い傷を残したとものというべきであり、これに上記認定のとおり、本件番組の内容や影響の大きさ等の一切の事情を斟酌すると、控訴人高許の被った精神的苦痛を慰謝するには、百万円をもって相当というべきである。」

ただ一点、「台湾の人たちや特に高士村の人たちに対して深い傷を残した」と判断しながら、「本件番組によって控訴人高許以外の現在のパイワン族やパイワン族の人たちの社会的評価が低下したものとは認められない」として、高許氏以外のパイワン族の請求を棄却した点は納得しかねる。

奇怪千万な最高裁逆転敗訴

既述の如き画期的な東京高裁判決は、平成二八（二〇一六）年一月二一日、最高裁によって覆された。一万人もの原告団が編成されるに至った「ジャパンデビュー」は、ＮＨＫのインタビュー内容に対する、あまりにも露骨で偏った編集が問題視された裁判であった。最高裁判決は「かつてそういう歴史があったと述べられただけで、原告親族への名誉毀損があったとは認められない」という理由で、東京高裁の判決を否定し、実質上放送事業者側に無限大の自律的判断に基づく編集権を認めた、東京地裁の判決を支持した。

放送時に、インタビュー時の質問と異なる質問を流して、放送事業者にとって都合の良い証言を創り出すことが、表現の自由の下に、自律的編集権として認められるというのである。これがまかり通れば、放送事業者はいつでも犯罪者を創作できることになる。

早い話が、例えば次のようなインタビューを実施したとする。

「蚊に刺されたことはありますか」

「そりゃ、ありますよ」

「その時、どうなさいました」

「叩いて殺しましたよ」

「殺したんですか」

「ええ、殺しましたよ」

「その時、どうなりましたか」

「私の血を吸っていたんでしょうね。結構血が付きましたね」

このインタビューと答えを編集すれば、解答者を殺人犯に仕立てることができる。勿論、まさかこのインタビューがそのまま殺人の自供として、すんなりとは受け入れられないであろうし、回答者も反論するであろう。

しかし、この解答者が放送局を相手取って、名誉毀損や詐欺罪などで訴えても、それは「表現の自由の保障下、公共の福祉に配慮した放送事業者の自律的判断に委ねられている」という理由で不起訴となる。現に、「ジャパンデビュー」では同類の改竄が行われている。

あるいは、インタビューの時点で「ご両親の好きなところと嫌いなところを話して下さい」と質問しておきながら、放送時のインタビューで質問を「ご両親をどう思いますか」に変えて、インタビューに対する答えのうち、好きな所として話した部分を全部カットして、嫌いなところとして語った部分だけを放送したらどうなるか。この「自律的判断による編集」を多くの大学生や高校生を対象に行えば、「現代の若者は自分達の両親を嫌っている」という勝手な命題を創作することができる。

都合の良い実験データだけを切り貼りして、大問題になった小保方事件のように、専門分野の学会に限らず、恣意的な編集によって手前勝手な事実 を創作し、あまつさえその嘘の事実を以て世論を誘導しようとすることは、正しく詐欺行為に他ならないはずである。最高裁判所は、この詐欺的行為を放送事業者に許したのである。

第四節　その他の放送法違反番組

真実を曲げず、公正中立で公序良俗に反せず、公共の福祉に資する報道を定めた、放送法第四条に違反するNHK番組は、誠に枚挙にいとまがないが、もう少し特筆すべき違反事例を検討しよう。

尖閣は中国領との立場に立つNHK

例えば最近、NHKは平成二五（二〇一三）年七月二日、BS1の「World Wave」なる番組で、「頑張れ日本 全国行動委員会」（会長 田母神俊雄 元航空幕僚長）メンバーによる、尖閣諸島海域における行動を、CCTV（中国中央電視台）のニュース番組に日本語訳ナレーションを付けて、そのまま世界に向けて放送した。放送の経緯と内容は、『正論』九月号、水島総執筆「『南京の真実』製作日誌(13)」に詳しいが、以下その概略を紹介する。

シナ語訛りの強い日本語のナレーションは、尖閣海域を行き交う日本漁船と海上保安庁巡視船および中共国公船の空撮影像をバックに、次の様に伝えている。

「ニュースです。中国の海洋監視船は一日、釣魚島（日本名・尖閣諸島）の周辺海域で巡航を行い、違法侵入した日本の船に対して、取り締まりをすると共に主権の主張をした……」「一日朝五時頃、中国の海洋監視船数隻が釣魚島海域に入り、日本の不法侵入した船四隻に対し退去するよう求めました……四隻に乗っていたのは日本の右翼団体のメンバー三十人余りで……」ここで、田母神俊雄会長と水島総氏、松浦芳子氏の顔写真が並んで映し出されるが、これは「頑張れ日本」のホームページからの無断引用であるという。さらに、ナレーションは「日本の右翼グループが……一日未明、四隻の漁船で釣魚島周辺海域に入り、……中国の海洋監視船四隻が、すぐに釣魚島海域に入って日本漁船を退去させようとしました。……今年五月にも同じグループが同様の活動を行い、中国の監視船によって退去させられています」

繰り返しになるが、このニュース番組はＮＨＫの番組として世界中に配信されている。いくら外国のメディア報道を紹介する番組とはいえ、日本の公共放送局のニュースとして流すのであれば、当然我が国の立場に立った解説、日本政府の見解に基づく反論が付け加えられて然るべきである。このように全く何の反論も解説もなしに、ＣＣＴＶをそのまま日本の公共放送局が世界中に垂れ流したことによって、世界中の視聴者が中共国の言い分に理があるかのような、誤解に陥れられている危険が極めて高い。むしろ、そこにＮＨＫの意図があるのではないか。ＣＣＴＶ日本支局を、渋谷区神南の本局内に同居させて便宜を図っているＮＨＫなれば、かかる疑念も当然生まれてくる。

外患誘致罪の嫌疑

すなわち、尖閣の主権をＮＨＫは一体どのように考えているのか、これが第一義的に重要な問題点である。尖閣出漁に同行した山田賢司衆議院議員は、後日ＮＨＫに対して尖閣領有権について糺したところ、ＮＨＫ側は「それは編集権の問題になる」として明答を避けたという。主権国家の領有権という国家安全保障の根幹に関わる問題が、放送局の編集権によって左右されると言うことはあり得ない話であり、まして国民の受信料によって成り立つ公共放送が、かかる国家安全保障上の重大問題に関して、政府見解と異なる解釈・判断をしているとすれば、それも座視し得ぬ大問題であろう。

この問題について、ＮＨＫは既に述べた「ジャパンデビュー」一万人訴訟の東京地裁判決において、ほとんど無制限に認可されたと言ってよい「編集権」を楯にとって、逃げを打ったつもりかも知れない。しかし、語るに落ちるとは正にこのことではないか。

つまり、領有権解釈に関しても編集権が成り立つ、という見解に基づいて放映された当番組は、ＮＨＫが尖閣の中共国領有権を支持する立場にあることを、自ら明らかにしたことになるからに他ならない。日本の公共放送によるかかるニュース番組は、中共国の軍事侵攻を正当化するプロパガンダとして、実際に同国の軍事侵攻を誘発しかねない危険極まりない報道であり、国益を損ねることこの上もないと言わなければならない。

そのような放送局が、日本国民から強制的に受信料を調達する権利を与えられている現状は、是非とも改廃されねばならぬ不合理である。さもなければ、日本国民は受信料支払いを通じて、あるいはＮＨＫなる大組織を通じて、中共国による自国侵略に荷担しなければならないメカニズムに組み込まれることになる。

であればこそ、水島氏が指摘するように、ＮＨＫのこの度のニュース番組は「外患誘致罪」（刑法第八一条　外国と通牒して日本国に対し武力を行使させた者は、死刑に処する）に該当する嫌疑がある。

さらに、ＮＨＫのヘリコプターが撮影した、尖閣諸島とその周辺海域の空撮ビデオを、ＮＨＫがＣＣＴＶにそのまま提供した行為も、同刑法に触れる。尖閣諸島の空撮影像は、中共にとっては領空侵犯をしなければ決して入手できない、紛争可能性地域の貴重な軍事情報に他ならないからである。

人権侵害と名誉毀損

第二の重大問題は、田母神、水島、松浦各氏の写真を右翼団体の代表幹部として、また領海侵犯の犯罪者として、世界中に無断放映した事実である。ＮＨＫが自ら編集権を行使して、ＣＣＴＶのこの影像とナレーションを何らの解説も修正も、また訂正も付けずにそのまま放送したということは、この写真映像を放映された三氏ならびに「頑張れ日本」という組織に対するＮＨＫの認識・見解が、ＣＣＴＶと同じであることを表している。これは明らかに名誉毀損である。

さらに、平和の祭典などとはほど遠い北京オリンピック開催の折、いかに多くの反日的なシナ人が在日していたか、普段穏当な留学生に見えて、その実激越な反日支那分子であった彼らの実態からして、かかる写真の公表が三氏にいかに不穏なリスクをもたらすか、ほとんど自明であると言ってよい。これは明らかに人権侵害である。

子供番組やドラマも総動員

いささか古い事例になるが、平成九（一九九七）年「少年Hが見た戦争」という子供番組で、妹尾カッパなる人物が子供たちに向かって、大東亜戦争中の日米両軍の銃を比較解説し、精神主義に偏った旧日本軍が、いかに装備において劣っていたかを説得する場面があった。

その解説は、思い込みの激しい一面的で押しつけがましいものであったが、先ず何よりも事実誤認に基づいていた。番組では、日本軍の正式歩兵銃である三八式歩兵銃と、アメリカのMPなどが携帯していたカービン銃を比較していた。日本陸軍の三八式歩兵銃が長く重く、装弾数五発で、かつボルトアクション（銃弾の装填と薬莢の排出を手動で引き金を前後させる）であるのに対して、アメリカのカービン銃が短くて軽く、装弾数三十発で、しかも自動的に連続発射されると解説し、日本の装備の稚拙さを子供たちと嘲笑するような番組構成であった。

例えば、カッパなる人物は両方の銃（モデルガン）を操作して見せ、あるいは前列に着席し

ている子供に持たせて、

「ほらあ、日本軍の銃、重いだろう。これを戦争中は、中学生になると、こうして肩に担いで、何キロも訓練で歩かされたんだぞ。それにほら、こうやって一発ずつ撃ったんだ。それに比べてアメリカは、ほら持ってごらん」先ほどの最前列の子供が、

「ああっ、軽い」

「軽いだろう、な。しかもほら、こっちは三十発もいっぺんに、ババババババって撃てるんだよ。なあー、どっちが勝つと思う?」すると、教室の子供達が米軍のカービン銃を指さして、

「こっちー」

「そうだよなー、当然だよなー、勝てるわけないよな、なあー。こういうことは、戦争が終わってから分かったわけ。戦争中は何も教えてもらえなかった。日本は大和魂があるから勝てるって、ただそれだけ教え込まれてたんだ……」

とまあ、こういった具合である。

　事実誤認の第一は、旧日本陸軍の正式歩兵銃である三八式歩兵銃と比較するなら、米陸軍正式歩兵銃であったスプリングフィールド一九〇三小銃ないしは、M1ガーランド小銃と比較しなければならない。カービン銃は正式な歩兵銃ではなく、より軽装備な護身用銃であり、騎兵銃に相当するからである。

M1ライフルは大東亜戦争後半以降普及した小銃で、主力はむしろスプリングフィールド型だったと言っても良い。各主力銃の正しい比較は、以下のようになる。

小銃の全長は、三八式一・二八メートル、SP型一・一一メートル、M1型一・一一メートルで、重量は三八式三・七三Kg、SP型三・九Kg、M1型四・三kgである。装弾数は、三八式五発、SP型五発、M1型八発である。仕様機能は、三八式ボルトアクション、SP型ボルトアクション、M1型セミ・オートマチック（銃弾の装填時に引き金を引くが、薬莢の排出は自動）である。

このように、三八式歩兵銃は特に劣った銃であったわけではなく、また、英・独・仏・伊・ソなど世界の正式歩兵銃と比較しても、その当時の三八式は決して遜色のない水準の銃であったし、特に命中精度は極めて高かったといわれている。

第二の事実誤認は、M1カービン銃はオートマチックではなく、セミ・オートマチックである。だがら、自動小銃のように「ババババババ」とはいかない。銃弾装填時には、引き金を引かなければならない。また、通常の弾装数は十五発である。

妹尾河童氏が無知な事実誤認をしていたのか、それとも知っていながらわざと旧日本軍を貶めたのか、いずれにせよテレビ番組の制作時には、事実確認は基本であろう。まして、公共放送NHKである。もし、事実を知りながらことさら旧日本軍を装備の劣った軍との印象を植え付けるために、子供番組を利用したのだとすれば、これは明らかに歪んだ洗脳工作に他ならない。

後日、番組の訂正・修正を求めた当時の「ＮＨＫ報道を考へる会」代表、中村粲獨協大学教授に対して、ＮＨＫ担当者等はその必要性を頑として認めなかったことを付け加えておく。

忘れ得ぬ「戦後五十年」狂騒曲

本書序文で既に触れたように、戦後五十年における国会の謝罪決議へ向けて、どう考えても当時ＮＨＫは、なりふり構わぬ傾倒ぶりを見せつけていた。この謝罪決議を阻止するため、反対運動に立ち上がった人々は決して少なくはなかった。旧軍関係者の方々を中心に、獨協大学の中村粲教授（当時）指揮の下、約四千名からなるデモ行進を行った。

一九年前の当時は、高齢とはいえまだまだ御元気だった旧軍関係者の士気はすこぶる高く、平成七（一九九五）年二月三日実施された、寒天のデモ行進にも意気軒昂だった。しかるに、この銀座界隈から国会に至る首都圏中枢を揺るがす大行進を報道したメディアは、産経新聞を除いて皆無だった。もちろん、ＮＨＫもこの一大イベントを黙殺した。これはしかし、他の大メディアも同断の姿勢であった。

ＮＨＫの突出した異様さは、「私の謝罪電話」なる左翼団体の企画を電話番号まで紹介して協力態勢を取ったことにある。他のメディアではまず類例を見ないこの連携プレーは、平成七年五月一三日、ニュース「おはよう日本」なる歴とした公共放送ＮＨＫのニュース番組の中で、公然として行われた。

ニュース番組のアナウンサーが、「日本の戦争責任を明らかにするために、市民団体が戦争中の体験で、アジアの人々に迷惑を掛けた、謝罪してお詫びしたいという体験を集めています」などと切り出し、「実際の戦争体験で中国や韓国へ被害を及ぼした話、あるいは実際の体験がない戦後世代でも、自分なりに考えたお詫びの気持ちを伝えたいと言った情報をお持ちの方は、次の電話番号に情報をお寄せ下さい。情報は、日本政府や国会、そして中国や韓国の戦争記念館などに送られ……」と、正に耳を疑る公共放送のニュースではあるまいか。

当時の世論は、戦後五十年を経て日本が改めて世界に謝罪するという国会謝罪決議に対して、賛否両論は正に国論を二分する対立の様相を呈していた。「対立する問題については、両論を併記し……」とは、公正な放送を規定する、放送法第四条にある条文である。

謝罪決議反対派が実行した四千人デモはただの一秒も報道しない代わりに、謝罪決議推進派の運動に対しては、テロップで電話番号を写し出し、ニュース・アナウンサーが二度にわたって電話番号を読み上げる。このＮＨＫの報道姿勢のどこに、報道の公正性を求める意志を認めることができるのか。一体このＮＨＫのどこに、公共放送としての責任感を感じることができるのであろうか。

枚挙にいとまのない偏向反日放送

その他、文化大革命や中共政府の都市計画で壊された南京城壁を、「日中戦争時の日本軍の砲撃によって破壊された」と報じ、「城壁と共に日本人の心の傷も癒す」などというトンチンカン極まりないスローガンと共に、城壁修復のための二十億円募金と修復作業ボランティアを募る、日中友好団体のキャンペーンを流した「ニュース７」（平成七年五月二四日放映）。こんな募金とボランティアには、当の中共政府は、腹を抱えて笑っているに違いない。

あるいは、何の根拠もない日本軍の残虐行為、例えば真上に投げ上げた子供を銃剣で突き刺している絵などを、「現在のフィリピンの高校生たちが、体験者の話をもとに描きました」などと解説し、極左団体「ピースおおさか」の展覧会を、開催日時と場所の紹介付きで放映した「日曜美術館」（平成八年一二月一五日放映）。

さらには、戦時中に華やかな舞台衣装をとがめたという憲兵が、軍刀を抜刀して女性歌手を脅すなどという作り話を放送した「夢用絵の具」（平成九年一一月二〇日放映）などなど、正に枚挙に遑がないという他はない。

その他にも、競馬の晴れ舞台「日本ダービー」の開会式で、国旗掲揚と共に著名な歌手が国歌を独唱し、これに合わせてスタンドを埋めた観客が斉唱する間、ＮＨＫはパドックから移動する馬の尻をずっと映し続けていたことがあった。各種団体からの激しい抗議により、現在では国旗や歌手を申し訳程度に映すようになってはいる。しかし、国歌斉唱の間くらい、青空に高くはためきつつポールを昇りゆく日の丸と、心を一つに斉唱する歌手と観客席に影像を集中することが何故できないのか。

これらの事例は、既に論じたように国会謝罪決議の前後のものであり、そのビデオは当時「NHK報道を考へる会」が、収集しわかりやすく解説付きで編集している。この会の運動を継承した、現在の「メディア報道研究政策センター」は、この一連のNHK偏向報道の記録をCD化して保管している。上記のごときNHKの度はずれた反日偏向報道が、受信料不払いの正当な理由になり得るというのが、メディア報道研究政策センターの見解である。

確かに、放送法第六四条は、NHKを受信できる装置を設置した者に対して、NHKとの契約と受信料の支払いを定めている。しかし、その同じ放送法の第四条では、公正な放送を義務づけている。放送業者の義務を規定した第四条を省みないNHKが、受信者への負担を規定した第六四条のみを論拠として、受信料の強制的な徴収を正当化するのは、自分に都合の悪い条文は無視し、都合のよい条文だけを振り回す専横に他ならない。受信料不払い者には告訴も辞さないNHKだが、いざ番組内容の検証という場面になれば、我々「メディア報道研究政策センター」が保管している、NHKの偏向報道関連の実証資料は、裁判の証拠として十分な価値を発揮することになるであろう。

第三章　受信料不払い運動への道

前章において述べたように、戦後五十年の国会謝罪決議をめぐって、NHKがなりふり構わぬ推進派支援態勢に基づく反日偏向番組を陸続として配信していた時期、これに危機感を募らせた我々は、「NHK報道を考へる会」を創り、抗議活動を展開した。

この時期の抗議活動の眼目は、偏向報道の是正による、公正な公共放送局NHKの復活をめざすことにあったと言ってよい。当時、獨協大学の中村粲教授を中心とした「昭和史研究所」および「NHK報道を考へる会」は、会員と共に事あるごとにNHKへの抗議を行い、番組の修正と公正化を促していた。

NHK側の対応は、当時視聴者センターの土谷・望月両氏を中心として、時に慇懃なまた時に傲岸不遜な対応であったが、番組の修正や謝罪に関しては頑なに拒み続け、公正化への改善の兆しを見ることは殆どなかった。

第一節　「立派なNHKへ」という幻想

朝日新聞とNHKによる、日本断罪キャンペーンと言ってもよい近現代史の捏造は、戦後五十年の国会謝罪決議の前後、すなわち平成七（一九九五）年前後にそのピークを迎えていた。これに対して、「昭和史研究所」「NHK報道を考へる会」はこの時期、こうした歴史捏造による戦前・戦中の我が国に対する冤罪と侮辱を断じて許すまいとして、さまざまな運動を展開してきた。私は当時副代表として、中村代表をはじめとする会員諸氏と憂いを共にし、また行動を共にしていた。

当時毎月発行されていた「昭和史研究所会報」においては、軍関係の生き証人たる方々から、実体験をインタビュー収録して編集・刊行した。また、時には歴史捏造に対する抗議デモを行い、あるいは歴史検証のためのシンポジウムを開催した。またあるときは、この頃やはり問題化していた歴史教科書の編纂をめぐって、文部科学省への意見具申に押しかけもした。

日本の国家的な威信と名誉を傷つける、近現代史捏造の一番手は何と言っても、「南京大虐殺」と「慰安婦強制連行」であった。しかしこれは、決して過去形ではない。それどころか、現在でもこの問題は繰り返し蒸し返され、むしろ増長悪化の一途を辿っている。

私はかねてより、この二つの問題は、それぞれ狡猾・下劣な中韓両国の外交戦略であると見ている（参考『救国の戦略』展転社刊）すなわち、南京三十万人大虐殺などという、荒唐無稽な濡れ衣は、尖閣諸島奪取という大目的達成のためのテコである。つまり、予め日本に対して、政治的反論の意志と意欲を挫くために、歴史的贖罪意識を植え付けようとする画策に他ならない。南京大虐殺も靖国神社参拝批判も、彼らにとっては、日本人に罪の意識を植え付けるための単なる道具にすぎない。

これと全く同じことが、「慰安婦強制連行」にも言える。二十万人もの慰安婦強制連行説は、韓国政府が真の狙いとする、竹島不法占拠の維持を実現するための陽動作戦である。すなわち、韓国に対する政治的反攻を予め封ずるための贖罪意識を、日本人に植え付けるための歴史認識作戦である。あるいは、政治論争が、彼ら自身内心後ろめたい竹島不法占拠に至らぬように張りめぐらせた、迂回路に過ぎない。

要するに、中韓両国は歴史認識を歌に詠っていても、その実正当な歴史などには一切何の関心もない。その証拠には、まっとうな歴史検証に何時でもヒステリックに抵抗するのは、決まって彼らの方だからである。

例えば「昭和史研究所」は、「二十世紀最大の嘘、南京大虐殺」と銘打ち、討論会・シンポジウムを開催してきた。大いに反論を歓迎する旨の招待状を何度出しても、在日中華人民共和国大使館は、「南京大虐殺は、議論の余地のない歴史的事実」として逃げ回り、大使はおろか末端の大使館員一人、ただの一度も参加したことはない。

反日国家中韓の政治戦略がどうあれ、なぜ日本の公共放送局たるＮＨＫが、その先棒を担ぐのかというのが我々の最大の疑念であった。しかるに、この二大反日キャンペーンに対するＮＨＫの対応をめぐって、我々はしだいにＮＨＫが確信犯的反日勢力であることを確信するに至った。

すなわち、我々が切望した「立派なＮＨＫへ」という理想像は、幻想に他ならないことに気づいたのである。それ以降、ＮＨＫの公正化をめざす運動は、ＮＨＫの解体をめざす受信料不払い運動へと、大きく舵を切ることになった。

なぜ真実を伝えないのだ！

南京大虐殺でも慰安婦強制連行でも、この事実さえ伝えれば、直ちに嘘であることがはっきりするという決定的な史実がある。公共放送たるＮＨＫが、「なぜ真実を伝えないのだ！」これは正に、繰り返し繰り返し、惨めにも踏みにじられる我が国の歴史と名誉を憂うる、善良な国民全ての、或いは史実を知る国民全ての、心の叫びである。これに応えようとしないＮＨＫへの失望が、解体運動へシフトしてゆくのは理の当然と言うべきであろう。

平成八（一九九六）年六月、中村代表と私は会員と共に文部省（当時）の初等中等教育局教科書課を訪ねた。用件は、歴史教科書から史実に反する慰安婦強制連行の記述を、削除すべきとの要請であった。

我々は、昭和史研究所を通じて調査した資料等を基に、「被害者証言で裏付けの取れたものは皆無であること」、「連れて行かれるところを見たという、第三者の目撃証言もゼロであること」を熱心に説明し、二十万人の強制連行説など到底あり得ないことだと説得した。

これに対して、応接に出た教科書課の課長は「でも、この間証拠が見つかったじゃありませんか」と自信たっぷりに言い放った。その証拠とは何か、しばし議論するうち、その証拠とはＮＨＫ教育テレビ放映の「51年目の戦争責任」（本書第二章第一節参照）のことだと分かった。国の未来を担う子供たちの教科書検定という重職にありながら、第一次資料に当たることもなく、テレビ番組を鵜呑みにしている国家公務員の体たらくもさることながら、マスコミ、やはり特にＮＨＫの影響力の大きさに慄然とさせられたものだった。

その後、我々の努力のみならず「新しい歴史教科書をつくる会」などの奮闘もあり、現在教科書から慰安婦強制連行説は消えつつある。しかしながら、昨今アメリカ合衆国をも巻き込んで「慰安婦像」なる奇天烈な記念碑が、日本を断罪する事実無根の碑文とともに設置されている。例えば、ロサンゼルス郊外のグレンデール市中央公園に、平成二五（二〇一三）年七月三〇日、韓国人慰安婦を象徴するという少女の銅像が建てられた。

周知の通り、南京大虐殺説は極東国際軍事裁判（東京裁判）において、忽然として現れた。アメリカの原爆投下を正当化するために、後付けで捏造されたこの冤罪は、従って元来アメリカの日本断罪の必要性から編み出された濡れ衣である。現中共国が、日本の同盟大国アメリカに言わば無遠慮に、この一大反日キャンペーンを乱発できるのも、このアメリカの事情と通底しているからに他ならない。

支那の属国根性が抜けきれない韓国が、この例に学んでアメリカを巻き込む戦略に出たことは想像に難くない。人道に背く、鬼畜に類する日本軍イメージが歴史的に定着すれば、アメリカの原爆投下を永久に正当化することができますよと、卑怯で狡猾な韓国人は超大国アメリカに囁き掛けているのである。

しかし、南京大虐殺も慰安婦強制連行も、その虚構を暴く枢要点がある。以下、反日的メディアが決して報じない事実を整理しておくことにしよう。

南京大虐殺の虚構を暴く枢要点

枢要点の第一は、当時南京市の人口推移である。現地警察および国連等による調査によれば、南京市内の人口は日本軍の入城以降急速に増大している。これらの点に関しては、東中野修道著『「南京虐殺」の徹底検証』(14)および拙書『救国の戦略』(15)を参照されたい。

昭和一二（一九三七）年一二月の日本軍入城時、南京の総人口は約二十万人である。従って先ず、この時点で現中共政府の主張する三十万人虐殺はあり得ない。翌年、昭和一三（一九三八）年一月は二十五万人に急増、同年八月には三十一万人、同年一二月には四十四万人となっている。日本軍による大虐殺があったなら、なぜこのように人口が増えるのか。殺されても殺されても、人が集まってきたとでも言うのであろうか。真相は、日本軍による支那便衣兵、強盗と化した支那敗残兵の逮捕と処断によって、市内の治安が急速に回復したため、周辺郊外に避難していた住民が南京市内に戻ってきたことによる。

また、昭和一三（一九三八）年一月に開催された国際連盟理事会において、中華民国政府は南京市民虐殺の問題提起など一切していない。もし、大虐殺などがあれば問題提起がないはずはあるまい。さらに、国際委員会ラーベ委員長から日本軍宛の、南京安全区の治安確保に関する感謝状の存在を一体どう説明するのか。

他方、虐殺があったとする証拠の方は、信憑性の疑わしい伝聞証言に満ちている。例えば、魯甦《ろそ》という支那人は日本軍から銃撃を受けながら逃げたが、途中で殺されている人の死体を数えたら、五万七千四百十八体だったという。東京裁判で証拠として採用されたこの証言の信憑性を、本気で信じる正気の人間はいない。

その他にも、紅卍会と崇善堂による埋葬証言を単純に足し算して、十五万五千体の埋葬を割り出しているが、一二月の南京では土も凍る凍土となる。ツルハシとスコップの手作業で、これを四十日間で埋葬したとなると、二千人からの屈強な男性が埋葬作業に関わっていたことになる。これについて、中村粲教授は以下のように述べている。

「もし陥落後の南京で、日本軍による市民の無差別殺戮が行われていたなら、十五万体もの埋葬に関わっていたはずの二千人にも及ぶ屈強な支那人男性達は、何故日本軍の標的にならなかったのか。一般市民の無差別殺戮の傍らで、二千名に及ぶ屈強な男子が、せっせと女子供の虐殺死体の埋葬に当たっているなどと言う奇妙な光景を、我々は想像することができない」。

つまり、もし十五万体もの遺体埋葬が真実ならば、日本軍による無差別殺戮はなかったことになる。しかし、一般市民の皆殺しに近い無差別殺戮がなければ、十五万体もの遺体は存在し得ない。すると、存在しないはずの十五万体を埋葬したという証言は嘘であることになる。もし大虐殺が真ならば、大虐殺の論拠となった埋葬証言が偽となる。証言が偽ならば、大虐殺は立証されない。大虐殺の事実を強弁する人は、この詰め将棋を如何に解くというのであろうか。

紅卍会等は、日本軍入城後の平穏な環境下で、数万の戦闘死体の埋葬に当たっていたのである。水増し申告は、国連からの埋葬料の水増し目当てによるところが大きいと見るべきであろう。

慰安婦強制連行の虚構を暴く枢要点

慰安婦の強制連行については、その具体的な証拠が一切見つかっていないことは、政府関連調査においても、また民間の調査においても、繰り返し述べられている。しかるに、事あるごとに荒唐無稽な強制連行説が蒸し返されるのは、日本政府が根拠のない謝罪や見舞金などを与えてきたからである。

虚構を暴く枢要点は、日韓基本条約締結に至る十四年間にも及ぶ交渉過程において、日韓双方から慰安婦に関する問題は、ただの一度も提起されていないという事実である。交渉過程は、今や外交機密扱いではなくなっているから、調べようと思えば誰でも閲覧することができるはずである。メディアはこの事実のみを伝えればよい。それだけで、強制連行の嘘八百は明々白々となる。

昭和四〇（一九六五）年に締結された、日韓基本条約の交渉は、昭和二六（一九五一）年からの予備交渉に始まる。日本が独立主権を回復する、昭和二七（一九五二）年からは本交渉が開始されるが、予備交渉から数えると実に十四年間にもわたる長期間の交渉が行われた。

この長い交渉過程において、慰安婦の問題が韓国側からも、一度も提起されていないという事実は、慰安婦が反対給付のあった売春婦に過ぎなかったことを、日韓双方とも十分に認識していたからに他ならない。

もし、現在韓国政府が主張しているように、一般家庭から二十万人もの婦女子が、日本軍によって無理矢理連れ去られたというような事実があったなら、なぜ日韓交渉の議題として一度も提起されなかったのか。そんな犯罪行為があれば、いの一番に交渉の議題となっていたに違いないし、それどころかとっくに大暴動が起こって、日本の朝鮮統治はその時点で危機に瀕していたに違いない。

では、十四年間にも及んだ日韓交渉の主要議題は何だったのか、少し振り返ってみることにしよう。先ず第一に韓国側は、交渉冒頭に「対日戦勝国」を主張し、戦争賠償金を要求してきた。これに対して日本側は、日本と韓国は戦争をしていないから、韓国を対日戦勝国と認めることはできないし、従って戦争賠償金の名目で資金拠出することはできないと主張し、対立した。実に、手前勝手な歴史捏造民族、韓国人らしい主張である。

卑劣な李承晩ライン

ところが、昭和二七（一九五二）年サンフランシスコ講和条約の翌年、日本が独立主権を取り戻す間際の一月一八日、韓国は突然海洋主権宣言によって一方的な軍事境界線、李承晩ラインを設定した。敗戦によって、一時的とは言え独立主権さえ失うほど傷ついた日本に対して、日韓基本条約締結までの十三年間にわたって、韓国は抵抗する術もない日本漁船三百三十八隻を拿捕し、日本漁民三千九百二十九人を拉致連行し、虐待監禁した。また、銃撃や虐待によって四四人の日本漁民を死傷させた。この時、日本固有の領土たる竹島も不法占拠され、現在に至っている。

約四千人にも及ぶ人質によって、交渉を有利に運ぼうとした韓国側の悪辣無道は自明であるが、このことが交渉を長引かせる結果となったことは言うまでもない。ただし、この人質は日韓基本条約締結後、条約とはおよそ関係のない奇妙な条件によって、返還されることとなる。重大犯罪を犯して収監されていた在日韓国・朝鮮人四百七十二人の釈放と、彼らへの日本在留特別許可の付与がそれである。韓国はこれら極悪人どもの強制送還を拒絶し、日本国内への自由放免を要求した。この悪質な嫌がらせとしか言いようのない、外交上例を見ない異様な条件を、日本政府は呑まざるを得なかった。

日韓基本条約において、韓国の人質作戦は功を奏したと言ってよい。日本が統治時代に築いた韓国内の残存資産五十三億ドルを無償で取得したほか、独立祝賀金および途上国援助金として、日本から獲得した金額は、有償無償を合わせて当時韓国国家予算の二・三倍に当たる八億ドルに達したからである（ただし、韓国側はこれを戦争賠償金と発表している）。

日本側は、この資金援助について、対日請求権のある個人に直接支払うことを提案したが、韓国側はまとめて韓国政府に支払うことを要求した。日本はこれに応じて、日韓相互の請求は最終的に決着する。

その後韓国政府は、この援助金をダム、鉄道、港湾施設、製鉄所、発電所等のインフラ整備に集中投資し、漢江の奇跡といわれる高度成長を実現する。もちろんこの際、日本の技術支援が重要な意味を持っていたことは言うまでもない。この時インフラ整備に投下された資本は、日本からの支援金の九四・六パーセントにあたる。従って、個人補償に向けられたものは五・四パーセントに過ぎないが、韓国の急速な発展の恩恵は、もちろん対日請求権のある人にもあまねく行き渡ったに違いない。

慰安婦強制連行キャンペーンでごまかす竹島不法占拠

日韓基本条約では、十四年間もの交渉を経ても、遂に妥結できない問題が一つだけあった。それが竹島の領有権問題である。日本政府としては、無法な李承晩ラインによって一方的に取り込んだ竹島を、韓国領として認めることだけは、絶対にできない相談であったからである。そこで、当時交渉に当たっていた池田勇人と金鐘泌との間で、竹島問題について交換公文を交わして、解決を先送りにした。

「両国において未解決の問題は、今後の外交交渉に委ね、決着困難なときは第三者機関の調停に委ねる」という交換公文がそれである。ところが、この未解決問題の部分に「竹島」

を明記しなかったことが、狡猾な韓国に間隙を与える結果となる。後に韓国は、この未解決問題とは竹島領有権のことではなく、慰安婦強制連行のことだと言い出したわけである。

つまり韓国にとって、慰安婦の強制連行という作り話は、日韓の論争が竹島問題に向けられないようにするための、目くらましのテーマなのである。もちろん我々は、日本の名誉を貶めるデタラメに対して、きちんと反論する必要がある。しかしながら、韓国にしてみれば、日韓の論争の焦点が、もともと有りもしない慰安婦問題で足踏みしているうちは、安心していられるわけである。そう考えてみると、荒唐無稽な二十万人もの一般婦女子の強制連行などといった馬鹿話も、要するに侃々諤々たる論争を巻き起こしさえすればそれでよく、つまり論争を竹島以前に留まらせる限りにおいて、意味があるということが分かる。

「慰安婦強制連行などなかった」これをいくら証明されても、言わば彼らは痛くもかゆくもない。なぜならそれは元もと嘘だからである。彼らが本当に恐れているのは、竹島の不法占拠を暴き立てられることに他ならない。そこが本丸であることを、日本人は心して認識する必要がある。

慰安婦強制連行の虚構を暴くことは是非必要である。しかし、それは「それなら、十四年間の交渉で何故一度も提起しなかったのだ」と問うだけで十分なのだ。そして、早く本丸たる竹島不法占拠の問題に斬り込むべきである。慰安婦問題は、言わばスクリーンに映し出された虚像の的である。本当の敵、本当に射貫くべき的は、竹島問題である。

虚像の敵に惑わされているうちに、韓国に竹島実効支配の時間を稼がせてしまっては、国際法上の領有権が実際に発生してくる危険もあるからである。本丸への論争を急がねばならないに、日本のメディアは、そして特に朝日新聞とＮＨＫは、この虚像の論争に駆り立てる韓国側の先棒を担いでいる始末である。

国際常識のない非近代国家・韓国

既に触れたように、対日請求権のある個人に十分な補償が行き届かなかった責任は、日本からの援助金のほとんど全てをインフラ整備に集中投資した韓国政府にある。日本からの支援金のうち個人補償に向けられたのは、僅か五・四パーセントに過ぎなかったからである。ただし、経済政策的に見れば、インフラ整備に集中投資したことは、国家全体の発展にとって正しい判断であったと言ってよい。国家的発展は、結局は国民一人一人の生活水準を引き上げるからである。しかしいずれにしても、対日請求権のある人たちに個人補償が行き届かなかったのは、あくまで韓国政府の責任である。

ところが、この事実を知ってか知らずしてか、こともあろうに韓国国会議員等がこれに難癖を付け始めた。平成一七（二〇〇五）年一月一七日、締結から四十年が経過した日韓基本条約の交渉過程が、外交機密扱いを解除され公開された。この時先ず、基本条約の最後に記された「この条約を以て、日韓間の全ての個人賠償請求について、完全かつ最終的に解決した」という文言について、韓国国会議員等が反発を示した。

この反発は、驚くべき国際的非常識と言う他はない。いかなる国際条約でも、紛争解決型の条約では、必ずこれを以て最終決着とする旨の条文が入るに決まっているからである。それは当然で、そのためにこそ交渉し条約を結ぶのであって、最終決着しないのなら何のための条約か、全く意味のない条約になってしまうからである。

そして、平成一七（二〇〇五）年四月二一日には、韓国の与野党議員二十七人が、「日韓基本条約の破棄と、改めて個人補償を義務づける条約の締結」を韓国国会に要求した。もし、日韓基本条約を破棄するというのなら、条約締結当時に受け取った韓国国家予算の二・八倍に当たる支援金を先ず返還すべきであろう。そうでなければ、支援金の二重取りになる。

ちなみに、現在の韓国国家予算は約一千六百億ドルであるから、基本条約破棄に伴って韓国には、単純計算でも四千四百八十億ドル（約四十兆円）の債務が発生することを忘れてはいけない。

それればかりではない。日本が朝鮮半島統治時代に残してきた、日本側の残存資産、鉄道・製鉄所・造船所等々の概算は、当時の価値で五十三億ドルと試算されている。これらの資産は、いったん米ソによって接収された後、韓国および北朝鮮に渡っている。これを昭和四〇年当時の援助金八億ドルが、現在の約四十兆円にあたることを論拠に現在価値にすれば、約二百六十五兆円にのぼる。この残存資産の放棄・無償供与も、最終的には日韓基本条約において妥結したものであるから、基本条約を破棄するというのなら、この日本側残存資産を享受した韓国には、当然支払い義務が生じるであろう。つまり、日韓基本条約破棄には、総額三百兆円規模の返済義務が生じることを、国際非常識な韓国議員および韓国民は知らなければならない。

さらに、基本条約締結に基づいて供与され続けた、日本側からの技術支援はどうなるのか。貨幣価値への試算をどのようにして行うかには、色々な議論もあり得るだろう。しかしながらいずれにせよ、日本からの技術協力が韓国の経済発展に果たした役割の大きさは自明であり、それを返還するとなると莫大な金額になることは間違いない。

四十年前の基本条約を破棄するなどというデタラメを、一部の非常識な議員等によるパフォーマンスと限定できないのが、全体的に非常識で異常な韓国の実態である。それが証拠には、法の番人であるはずの裁判所まで、平成二五（二〇一三）年七月には日本企業に対して統治時代の個人補償を求める判決を出しているからである。

韓国政府は、元慰安婦の個人補償に関しては、基本条約の例外などとの見解を示しているが、これもゆすり取れるなら何でもありという、強請たかりのものもらい根性というしかない。それどころか、平成二五（二〇一三）年二月、対馬の寺から盗んだ仏像の返還差し止め処分（テジョン地裁）に至っては、もはや法律お構いなしの裁判所に堕したと言うべきで、裁判所が窃盗団の一味になったと言う他はない、絶望的な非法治国家である。

サッカー対日戦における政治的パーフォーマンスの不躾といい、このような非常識な国は、軍拡狂で力の亡者である中共国同様、どうしてまともな顔をして国際親善など語り合えようか。

こんな国に、時代考証無視のデタラメだらけの韓流ドラマを垂れ流しておもねるＮＨＫに、受信料を払い続けなければならないとしたら、それはもはや精神的経済的な拷問であり、政治と思想の自由に対する重大な蹂躙ではないのか。

歴史資料の改竄までして慰安婦強制連行の嘘八百を喧伝するＮＨＫよ、そんなヒマと金があったら、卑劣きわまる李承晩ラインの何たるか、日韓交渉の真実を伝えるべきではないのか！

第二節　受信料不払いの意志

現在私の主催する、一般社団法人メディア報道研究政策センターは、会員数約一千四百人だが、そのうちＮＨＫ受信料不払いに関して裁判係争に至った会員は、今のところ累積で七人いる。たとえ裁判所の被告席に立たされようとも、断じてＮＨＫごときに受信料など払いたくないという意志強固な会員の代表と言ってもよい。現在、当センターでは三名の弁護士を理事に迎え、万全の裁判対策を整えている。

受信料不払い運動に賛同する、当センター会員各位の不払い理由を大きく整理すると、以下の二点からなる。先ず第一に、ＮＨＫの政治的偏向姿勢、反日かつ親中韓思想の主調に対する反対意見が最も多く、この点における反ＮＨＫの意見は極めて熱心な主張である。第二に、ＮＨＫの組織的堕落およびＮＨＫ職員の犯罪・破廉恥行為に関する憤懣である。

この二つの論点から、当センター会員は極めて堅固な反ＮＨＫ姿勢を保持している。ＮＨＫの実態、その思想的・組織的実情を知れば、正常な日本人であれば誰でも、ＮＨＫの受信料制度に疑問を持たずにはいられないであろう。以下、論点を整理しながら、不払いの意志を支えるＮＨＫの実態を検討してゆくことにしよう。

以下の、ＮＨＫ関連の事件・不祥事は、インターネット情報ならびに「頑張れ日本全国行動委員会」編纂の資料に基づいている。

政治的偏向

ＮＨＫの政治的偏向、反日親中韓姿勢に関しては既に論じてきたが、多少重複するがその他の事例も含めて、主なものを時系列的に確認しておこう。

例えば、平成五（一九九三）年六月の「クローズアップ現代」は、天安門事件では虐殺はなく、はっきり確認できる死者は一人もいない主旨を報道した。実にあきれる他はない親中偏向虚偽報道として、歴史的なクローズアップに値すると言えよう。

あるいは、「ジャパンデビュー」第一回「アジアの一等国」（平成二一〈二〇〇九〉年四月）における インタビューの改竄、歴史捏造については既に論究したが、第二回の「天皇と憲法」（平成二一〈二〇〇九〉年五月）では、明らかに反皇室、反天皇の視点に偏った番組構成が貫かれ、天皇制廃止を示唆するほど天皇制に対してネガティブな主張が問題視されている。さらに、「ジャパンデビュー」のシリーズ全体にかかわるイントロ部分について、反皇室、親中韓に誘導するサブリミナル影像の疑惑が指摘されている。

平成二一（二〇〇九）年一二月には、シルクロードの核実験場としての実態を隠蔽し続けたＮＨＫが、「シルクロード」番組を通じて、約三十万人にも及ぶ日本人を、放射能汚染の凄まじい同地域に、長年にわたって誘致してきた事実が判明し、問題化している。福島の原発事故を針小棒大に報じ続けるＮＨＫが、中共国の観光資源作りとなれば、福島などの比ではない被爆地に、受信料を払って見ている視聴者の「みなさま」を平気で誘導できるらしい。

さらには、平成二二（二〇一〇）年七月一二日、ＮＨＫが放映した「菅内閣支持率のグラフ」が、明らかに急落しているはずの支持率を、緩やかな下降線になるように巧妙に細工されていたことが看破されている。この手の見え透いたトリックは、同年一〇月一六日にも、尖閣諸島海域における漁船衝突事件に対する抗議デモ報道でも駆使されており、警察発表の五千八百人による中国大使館包囲を、二千八百人と過小報道している。

ＮＨＫ組織・職員の体たらく

ＮＨＫの組織としての堕落、職員の体たらくも、政治的偏向に負けず劣らずの賑わいを見せているが、この問題はさらにいくつかのジャンルに分類できる。先ず第一に経営体質の堕落、次ぎにＮＨＫ職員の事件・事故、特に破廉恥罪の頻発に末期症状がよく現れている。

経営体質の悪質さは、約三十にも登る関連子会社群が有り余る受信料収入に群がり、ＮＨＫのブランドにぶら下がって、ＮＨＫ職員の天下り先として共生している点に、よく現われている。ＮＨＫ全職員約一万人の平均給与額が、年収約一千七百五十万円と試算される。人件費一千七百五十億円は、平成二三年度の受信料収入約六千八百億円の二六パーセントにあたる。

三割近い人件費も、誠実な職員による公正な番組が配信される限りにおいては、決して非常識な数字ではないかも知れない。しかし、既に論じてきたように、番組の公正とはＮＨＫにおいてはもはや死語と言ってよく、以下略述する不祥事の百鬼夜行は、高額人件費を説得できる姿ではない。

例えば、平成一九（二〇〇七）年九月には、元来余剰利益を上げてはならない特殊法人たるＮＨＫが、関連団体に八百八十六億円もの余剰金を退蔵していることが発覚し、会計検査院によって改善が求められている。

また、翌平成二〇（二〇〇八）年一月には、複数のＮＨＫ職員による株式のインサイダー取引が発覚、三名の懲戒免職者を出す事態となっている。市場一般への告知前に、個別企業や政府の経済政策等の経済情報を、入手する立場にある報道関係者によるインサイダーは悪質だが、特に受信料で成り立つＮＨＫの職員インサイダー取引は、道徳的腐敗をよく表している。

職員ばかりではない。同じ時期、ＮＨＫ経営委員会委員の経営する企業が、七年間で一億五千万円の所得隠しをしていた事実が明るみに出るとともに、さらに同年五月にはＮＨＫが消費税十三億円の申告漏れをしていたことが露見した。

平成二一（二〇〇九）年七月には、ＮＨＫ退職者に支給する企業年金の一部が、あろうことか受信料収入から補填されていた事実が明らかになった。その額たるや、平成一九年度百億円、平成二〇年度百二十億円である。

ＮＨＫ職員の刑法犯罪

ＮＨＫ職員が起こした事件事故にまつわるもので、特に悪質性が高いもののみをピックアップしてもかなりの数になることに、改めて驚きを禁じ得ない。

松平定知アナウンサーが泥酔した上、些細なことでタクシー運転手に暴行を加えて、降格処分を受けたのは平成三（一九九一）年四月のことであったが、その後同アナウンサーはいつのまにか主要番組に復帰して、反日偏向番組の解説に勤しむようになっている。

事件のたびに、綱紀粛正を公言しながら、ＮＨＫ職員の公徳心は腐敗の一途を辿っているとしか考えられない。なぜなら、その後のＮＨＫ職員による刑法犯罪は、例えば大麻取締法違反、交通死亡加害事故、元妻の遺体損壊事件、現住建造物放火事件、覚醒剤取締法違反、無免許運転など、平成一〇年代だけを検証してみてもこれだけの犯罪がある。

平成二〇年代も相変わらずで、覚醒剤取締法違反、不発弾の不法所持、窃盗、飲酒運転加害事故、無免許運転、主婦の死体遺棄事件、引っ越し荷物の置き引き、泥酔の上タクシー運転手に暴行、といった有様である。

こうしたＮＨＫの犯歴は、反省云々の次元ではなく、ＮＨＫの組織的風土としての問題であると考えざるを得ない。それは、ＮＨＫという組織に特有な組織の体質・気質の問題なのである。それは、第一にマーケティング努力に基づく営業利益に依存しない、受信料徴収権の上に安住する特権意識、視聴者に対する顧客意識を失った傲慢な姿勢に基づいている。第二に、大メディアとして世論形成の主導権を握っているという、不遜な思い上がり体質である。現に、大メディアは世論形成の実権を握っていると言ってもよい。そうした現実が、止めどなくNHK職員の思い上がりを助長してゆく。

第三に、NHKが不健全な思想に汚染されていることである。日本人でありながら日本を否定し、日本の伝統と文化を転覆させせようとする主義主張に心酔し、自らの生きる社会の基本構造を破壊することによって、自らの重要感を最大限に実感したいという病的嗜好に取り付かれている気質である。視聴率によっては、一気に数千万の人々を前に自己主張ができる、カメラの前の空虚な人間が、陥りやすい安易な自己顕示欲発露への道である。

創ることとは、壊すこととは桁違いの能力と努力を要する。しかるに、破壊は創作よりも人々にとって衝撃的なものである。故に創る能力に欠けるものは、壊す方に力を使おうとする。一般企業であれば倒産につながりかねない程の、NHK職員のおびただしい犯罪行為は、かかる破壊嗜好の気質と決して無縁ではない。

NHK職員の破廉恥罪

破廉恥犯罪は、NHKのお家芸と言ってもよい。世間の一般常識を省みないNHK職員による、破廉恥なわいせつ犯罪の頻発も、やはりＮＨＫの傲岸不遜な特権意識の賜物という他はない。

平成一八（二〇〇六）年以降、七年間の事例を見ただけでも、児童売春禁止法違反、電車内での痴漢行為・強制わいせつ罪（五件）、路上わいせつ行為、イベント会場でのわいせつ影像放映、女性のスカート内盗撮（三件）、盗撮目的の不法侵入、といった賑やかな犯歴となっている。ＮＨＫが、〝ニッポン・ハレンチ・キョウカイ〟と揶揄される所以である。

もし仮に、一般の民間企業がこのように破廉恥罪を頻発させたら、どうなるであろうか。破廉恥罪のみならず、前述の悪質な刑法犯罪を合わせて考えると、まず企業イメージの低下は必至で、それは売り上げの低下に直結するし、また有能な人材のリクルートにも悪影響が出る。有能な人材が不足すれば、それはさらなる企業業績の悪化という形で、累積的なダメージの悪循環に陥ってしまう。故に民間企業にとって、綱紀厳正なることは正に死活的重要性を持っている。

しかしＮＨＫの場合、組織イメージの低下は直ちに収益減少には繋がらない。もちろんそれは、受信料の強制徴収権のおかげである。したがって、組織イメージの低下によって有能な人材が不足しても、業績は当面痛手を被らず、人材枯渇と業績悪化の悪循環を免れるように見える。

ところが、人材と組織業績との相互連携の欠如は、劣った人材による不祥事を増大させ、益々人材の劣化が進むという別種の悪循環をもたらす。これが現在のＮＨＫの姿なのではないだろうか。言わば、業績悪化という早期警戒装置を持たない特殊法人は、組織的病巣を膏《こう》肓《こう》に至らしめ、のっぴきならない組織崩壊の最終段階を迎える性質を持っている。

ＮＨＫの詐欺報道ヤラセ番組

平成五（一九九三）年二月放送の「禁断の王国・ムスタン」なる番組で、内容の主要部分に捏造・ヤラセがあったと、朝日新聞による暴露記事が出た。反日メディアのライバル朝日新聞の暴露に慌てたＮＨＫは、珍しく訂正とお詫びの放送をした。その謝罪番組によると六点に及ぶヤラセがあったそうだが、特に問題と思われるのは次の二点であると思う。

番組はネパール中西部のヒマラヤ山麓にあるムスタン地区に入り、知られざる秘境の人々の営みを紹介する番組であったが、秘境らしさを演出するためのヤラセがあった。先ず第一に、番組スタッフが高山病に苦しむ映像が流されたが、これが演技に過ぎなかったことである。ドラマではないドキュメント番組で、演技は許されないであろう。

第二に、岩石が崩落し流砂現象が起きる映像があったが、これも秘境の厳しい環境を演出するために、番組スタッフが故意に引き起こしたものであったという。これを暴露した朝日新聞が、かつて珊瑚に落書きをして、貴重な海洋資源へのいたずらが発見されたと、自作自演報道した事件を、彷彿とさせるようなヤラセ番組である。

日本人の品位を貶めるヤラセ番組

平成一四（二〇〇二）年四月放映の「奇跡の詩人」は、よく臆面もなく流せたものだという他ない、正に年代記もののヤラセ番組で、いまだにインターネットで確認できる、一目瞭然の捏造報道である。重度脳障害のある五歳程度の、ルナという名の息子が指さす文字盤の文字を、その子を抱きかかえる母親がいち早く読み取り、母親の口から口頭で伝えるというしくみであった。

この際、息子の左手は母親の左手のひらに包まれており、一方のB5版より小さめのボール紙製らしき文字盤は、母親が右手に持って激しく小刻みに前後左右に、また上下に動かして、突き立てられた子供の指にトントンと突き当てられ、それに合わせて文字盤を読み取るかのように、時折たどたどしく母親がしゃべるのだった。

子供の指が辛そうな程に、トントンと突き当てられる文字盤から、読み取られるとされた文章は、到底五歳程度の子供の文章とは考えられないものばかりで、種が丸見えの手品を見せられている心持ちがしたものだった。例えば、「わたしはこんとんのなかにいました」といった表現が最初に出てくる。

ナレーションは、「ルナ君は文字盤の配列を覚え、見なくても文字盤を指すことができ……」などと、文字盤に指がしきりに当てられ、母親の口からかなり難解な文章が矢継ぎ早に語られる際に、よそ見やあくびをしている子供の不自然な姿に、あらかじめ弁解を加えるかのような解説となっていた。

そこに、大手出版社の編集者という人物が現れ、「普通では絶対に書けない文章」とか、「僕たちの想像を超えた点から書いている」などと論評する。それに対して、母親は例の如く文字盤を忙しく息子の指に突き当てながら、「じょうずですね。さっかをのせるのが」と応じて、笑い崩れる。これが子供の対応であろうか。口述の合間にたびたび入るこの種の母親の笑いは、人をごまかすときの照れ笑いなのであろう。厚顔無恥にあきれるのを通り越して、動かぬ我が子の指をオモチャにして、あるはずもない才能を捏造するこの女性を、しみじみ憐れに思った。

うさん臭いサクラよろしく、くだんの編集者との会話は続く。「わたしをひていしない、かんきょうがあったのです」という母親の口述に対して、「自分が否定されたことがないって言うのはいい言葉ですねえ」と応じる編集者。ちなみに、この放送から数日後、講談社からこの少年の著書として『ひとが否定されないルール』が出版されている。その本には「NHKスペシャル大反響」の帯が付けられていたという。

放送後数日間で「ヤラセではないか」との批判メールが、NHKに延べ一万件以上も寄せられたのであるから、なるほど大反響には違いない。それほどにまで己を貶めてまで、ヒット商品が欲しかったのであろうか。それほどにまでして、金が欲しかったのであろうか。実に情けない話だと、私はつくづく思う。ここにはいくつかの実に暗い闇がある。二点だけ指摘しておきたいと思う。

　第一に、この母親が重度脳障害をもつ我が子に対して、真面目なリハビリを諦めてしまっている点である。これは、この子にとっても誠に気の毒なことである。このＮＨＫ番組の最初の方で、文字盤を指すのを覚え始めた頃の、もっと小さいルナ君のビデオが流れる。その時の姿は、本当にたどたどしいが、ルナ君は確かに自分で文字盤を指している。

　おそらく、それは到底文章にも言葉にも、単語にすらなってはいなかったに違いない。しかし、もしその訓練を成果のいかんに関わらず、母親なればこその絶望的な努力を続けていたら、もしかしたら簡単な会話が成り立つようになっていたかも知れない。それこそが本物の奇跡なのではなかったか。それこそが多くの同じ障害を持つ子供や親たちを、本当に勇気づける奇跡ではないのか。

　番組終わりに、脳障害児とその保護者たちに向かって講演する母親が映る。その胸にはいつものように、まるで腹話術人形のようにルナ君が抱かれている。藁にもすがりたい重度障害児の保護者たちは、それでも涙を流しながらその講話に聞き入ってはいた。しかし早晩底の割れる、こんな変種の腹話術で真に不幸と闘っている人々を慰めることはできない。

　第二に、日本の公共放送局の責任感の問題である。ＮＨＫは、日本の民族としての誇りに懸けて、このような恥知らずの詐欺番組を流すべきではない。

　よほど前だったが、天才少年を紹介した韓国の番組に似たようなものがあった。ノーベル賞に最も近いと噂された、ソウル大学の教授までもがデータの偽造を平気でやり、嘘が発覚した後も、エキセントリックに同教授を支援するお国柄だから、民族としての人品骨柄は世界中に知れ渡っている。

ＮＨＫは、これと同じ世界的信用の自壊作用を、日本にも起こさせるつもりなのであろうか。してみれば、この番組も周到な反日戦略に則っていることになる。なるほど、ＮＨＫはこの番組については、謝罪も修正も一切していない。例えば、日本小児科学会倫理委員会からの、疑義を訴える公開質問状に対しても、ＮＨＫは「番組制作者が間違いないと感じているので、間違いとは考えにくい」という、意味不明で説得力ゼロの弁明をしている。

ＮＨＫの番組制作者の「感じ」は、専門医組織の公式的見解を超えるほどの精度を持っているとでも言うのであろうか。こうしてＮＨＫは、自分で自分の組織に過剰な権威を与え続けている。どんな専門家が何を言っても、ＮＨＫの番組や見解を覆すことはできないという、難攻不落のイメージを定着させることによって、ＮＨＫは視聴者に対してＮＨＫ批判の空しさを教え、世論全般を自由にできる放送全体主義の実現をめざしている。

謝罪まで三年もかかったヤラセ番組

平成一九（二〇〇七）年九月に放映された「ＮＨＫ海外ネットワーク」において、インドの経済発展を特集し、農家の男性が自動車を購入した事例を紹介した。購入した自動車で移動するシーンまで映っていたと言うが、その後の調査で購入の事実はなく、販売店との申し合わせで、購入したかのように振る舞っていただけだったという。

もちろん背景には、急速な経済発展を演出したいNHK側の意図と要請があったことは言うまでもあるまい。この番組について、何と三年後の平成二二（二〇一〇）年五月、「番組内でも確認が不十分だった」と、視聴者に珍しく謝罪している。三年も経てば、インドの経済発展の実情からして、当の男性ももう本当に車を買っているかも知れない。謝罪に三年もかけていたのは、あるいはそれを待っていたのかも知れない。つまりは、嘘が本当になる日まで。

かくして、公共放送の公正性よりも放送全体主義の貫徹に突き進むNHK。この邪悪な野心を許さない覚悟こそ、我々の受信料不払いの意志に他ならない。

第三節　不払いの事例

現在私が代表理事を務める、「一般社団法人メディア報道研究政策センター」の会員一千四百名について、不払いの事例を検証する限り、NHKの番組内容・報道姿勢に関する不満、および抗議に対するNHK側の不遜な対応を理由としている事例がほとんどである。その他にも、受信料集金人の無礼・傲慢を理由に挙げる事例も少なくない。

もちろん、世の中には経済的な理由や、単に払わずに逃げられるものなら払いたくないという不払い事例も数多くあるに違いない。しかしながら、いわばこうした信念や理念に乏しい不払い事例といえども、NHKを解体の窮地に陥れるためには無視できない、いやむしろ最終的な決め手になる一大潮流の本体を成していると考えるべきかも知れない。

メディア報道研究政策センターは、NHK報道の反日偏向姿勢に抗議する理念に基づいて、会員の増強を図っているが、NHKの組織的解体を運動の目途としている以上、不払い理由のいかんを問わず、受信料支払いに反対する勢力を幅広く受け入れる姿勢を持っている。前身の「NHK報道を考へる会」において、当初NHKの改善を盛んに促し、また期待もしていた時代、その期待と熱意が高かっただけに、NHKが芯から腐ってしまっている現実にひどく落胆したものだった。確信犯としての、反日偏向放送局NHKには、改善ではなく解体しかないとの理解に至った時、運動の目的をＮＨＫの組織的改善から組織的解体へと舵を切ったのである。

ニュース、ドキュメンタリーの偏向

ニュース・ドキュメンタリーの反日偏向に関しては、既に本書第二章において論じてきた通りである。ＮＨＫは、一貫して戦前戦中の日本および日本軍に関して、極めて否定的な立場を取っている。この一方的な姿勢だけでも問題だが、特に重大なのは歴史的資料や証拠について、嘘の情報を交えていること、意図的な歪曲と捏造を駆使している点である。

虚偽報道を以て、反日的な世論形成をもくろんでいること、これが公正な放送を義務づけている、放送法第四条に違反している点が最も重大な問題である。受信料不払い運動における、最大の不払い理由はここにある。すなわち、ＮＨＫは不払い者に対してことあるごとに、放送法第六四条を以て支払い義務が法的に定められていることを持ち出し、不払いの不当性を訴えている。

しかるに放送法は、視聴者に受信料支払いを義務づけていると同時に、放送業者に対しても、公正な放送を義務づけている。つまり放送法は、視聴者と事業者の双方に対する義務規定を持っている。ところが、ＮＨＫは放送業者に求められている義務規定を無視し、ひたすら視聴者に求められている義務規定のみを振りかざしている。

かかる手前勝手な法律解釈を、我々は到底受け入れることができない。自分が大放送局として護らなければならないはずの義務を無視しながら、視聴者の負担にのみ完全な履行を求めている。不払い運動は、かかる法的な不条理と大組織の傍若無人なやりたい放題に対して、社会的公正の観点から巻き起こっているレジスタンスなのである。

ＮＨＫが偏重する中韓の動向

ＮＨＫが中韓偏重を繰り返すことによって、中韓寄りの日本世論の形成が進んでいる面は確かにある。だからこそ、ＮＨＫの偏向報道は問題なのではあるが、面白いことに、ＮＨＫが中韓寄りの偏向報道を繰り返せば繰り返すほど、その反作用としてＮＨＫと中韓への反発が強まっている側面があることも事実である。

この反作用は、中共国の度重なる反日暴動と、くどくどしい韓国による反日キャンペーンによって、益々顕著になってきている。さしもの人の良い日本人も、さすがにその異様さに気づき始めたと言うべきであろう。

平成一七（二〇〇五）年中共国において、日本の国連常任理事国入りに反対する大規模な暴動が起きた。ただ、日本が安全保障理事会の常任理事国入りをめざすことを表明しただけで、中共国内の日本大使館や日本企業、日本料理店などが襲撃され、日本留学生が暴行を受けるといった被害が続出した。

平成二四（二〇一二）年には、日本政府による尖閣諸島国有化に抗議して、中共国で最大規模の抗日暴動が起き、日本企業の焼き討ち事件などが起きている。ことあるごとに日本企業を襲い、その度に大規模な略奪や暴行が繰り返される、中共国の暴虐と非常識に、平均的な日本人も辟易している。

韓国における抗日、侮日またしかりである。本章第一節でも触れたが、くどくどしい虚構の慰安婦強制連行をめぐる謝罪・補償要求など、到底友好を語り得る相手ではないことに、さしものお人好しな日本人一般も気づき始めている。

反日パククネ政権になったせいか、昨年来、韓国の反日事件には目に余るものがある。主な事件を整理しておけば、以下のようになる。

昨年、平成二五（二〇一三）年二月二六日、韓国テジョン地裁は韓国窃盗団が盗んだ、対馬観音寺の仏像の返還を差し止める処分を決定した。続いて同年七月一〇日には、ソウル高裁が新日鉄住金に対して、「日韓基本条約」によって解決済みなはずの、日本統治時代の個人賠償命令を決定した。

七月二八日には、対日サッカー試合の会場で、「歴史を忘れた民族に未来はない」などと、虚構の慰安婦問題関連の賠償を示唆する巨大な横断幕を掲げる事件が起きた。この際同時に、伊藤博文を暗殺したテロリスト、安重根の巨大肖像画も掲示された。一昨年七月二九日のロンドン・オリンピックにおける対日サッカー戦の際、「竹島は韓国領」と書いたボードを韓国選手が掲げた事件と同様、国際サッカー連盟（ＦＩＦＡ）の政治的宣伝禁止規定に違反していることは明らかである。

さらに七月三一日には、アメリカ、カリフォルニア州グレンデール市に、慰安婦を象徴するという少女の像が、事実無根の強制連行記念碑と共に設置された。在米韓国人の多いこの市で、韓国系住民の反日捏造工作が功を奏した結果である。同様の銅像と記念碑は、在ソウル日本大使館前を皮切りにいくつか建てられているが、強制連行の虚構を正確な歴史検証を以て証明すれば、これらの銅像と記念碑は、韓国人が札付きの卑しい大ウソつきであることを自ら自白宣伝した証となるであろう。その時こそ、この非道卑劣な歴史捏造に荷担したアメリカ人の良識と羞恥心も、同時に問い直されることになるであろう。かかる真実の歴史検証に、ＮＨＫは明らかに逆行している。

また八月二六日には、国連事務総長パンギムン発言が物議を醸し出している。国連職員としての国際的中立性を規定した国連憲章第一〇〇条に違反して、日本の政治指導者に正しい歴史認識に基づく深い反省を促したという。自身が歴史を直視できない韓国政府の代弁に他ならないこの発言は、かねてより世界中の大学から名誉博士号を漁ったり、韓国人ばかりを国連要職に就ける縁故主義との批判（「ワシントン・ポスト」）を受けていた同氏の品性下劣をむき出しにしたばかりではない。シリア情勢が米露対立の中で、軍事介入前夜を迎えている現在、国連機能の何たるかを理解できない事務総長の出自が、韓国であることを広く世界に告知せしめたわけである。

韓流煽動の反作用

最近の受信料不払い事例の中で、NHKの韓流ドラマの垂れ流しが我慢ならないから、とする不払い理由が急増している。これは、前述のような韓国の反日活動の活発化によって、NHKの韓国びいきの反作用が現れていることを示している。

上述した一連の反日事件の中でも、一般に最も分かりやすく、良識的日本人を心底からあきれさせたのは、韓国裁判所による対馬観音寺の盗品仏像に対する、返還差し止め処分であったと言えよう。この返還差し止め処分の論拠たるや、「数百年前の倭寇による略奪の可能性」というのだが、その証明はまず不可能であろう。

この返還差し止め要求は、韓国窃盗団が盗んだ「観世音菩薩座像」を、元もと自分のものだったが倭寇に略奪されたと主張したプソクサ（浮石寺）によって、テジョン地裁に申請された。プソクサの僧侶たちは、差し止め要求申請の直後に対馬の観音寺を訪れ、「観世音菩薩座像」の代用にと、記念品を持参しているが、その代用品たるや正に子供だましのオモチャとしか言いようのない代物で、観音寺側が面会を拒絶したのは本当に正解だった。

プソクサ僧侶および韓国世論の言い分は、「韓国は日本に仏教を伝えたのに、日本人は韓国の寺を燃やし、仏像を奪った。日本人はこうした歴史を認める姿勢を持つべきだ」という。

この言い草は、自分たちが誘拐まがいの女性集めをしていながら、それを取り締まった日本の軍・警察を慰安婦狩りの張本人に仕立て上げる、慰安婦強制連行の論理と瓜二つである。

韓国経由で仏教が日本に伝わったことは事実としても、韓国では儒教が中心で、仏教は迫害されており、寺を焼いたのは韓国人に他ならない。嘘はよく見ると、必ず矛盾を含んでいるものである。仏教の普及と、長い伝統を以て大切にされてきている日本の多くの寺の存在は、世界周知の事実である。そんな敬虔な仏教徒が、その仏教を伝えたという韓国の寺を焼き払うとは考え難いではないか。

むしろ、儒教によって迫害され破壊されてゆく韓国の寺から、日本人が仏像を保護するために入手し、大切に鎮座させてきたと考えるべきであろう。自分の非を、それを正そうとした相手の所為にすり替える詐術は、韓国・朝鮮人の常套手段、お家芸と言ってもよい。

これも第一章第三節で既に触れたが、韓国時代劇で色とりどりの美しい衣装が出てくるのは、韓国文明の自己矛盾である。韓国世論は長い間、日本統治時代の「色衣奨励政策」を、白衣を好む朝鮮民族に対する文明と伝統文化の完全放棄を迫る圧政の象徴として、激しく非難してきた(16)。

しかしその実、日本は白そのものを禁止したのではなく、汚れた白衣、汚い白衣を止めさせたかったのであろう。それでも、やらずもがなの大きなお世話と言うべき政策ではあるが、当時の朝鮮半島人が如何に汚れた白衣を着ていたかは、「色衣奨励政策」を非難する著書の中で韓国人自身が描写している。

色衣奨励を訓示する集会での、以下のような描写である。「実際、そこには白い着物をまとったものは一人もなく、彼等のよれよれの服装は何年間も着とおしているらしく囚人服のように土色であった。会堂の中で唯一白いのは、演壇の傍の腰掛けにしゃんと坐っている内務主任のリンネルの夏服だけである」

これを筆者は、色衣奨励という植民地政策の自己矛盾として非難するのだが、問題の本質はそんなところではなく、どうしようもなく汚らしい彼等の姿を何とかしなければならないと考えたところにある。綺麗にして着ていれば、何も白衣を禁止などする必要はなかったに違いない。

要するに日本は、白衣そのものを否定したわけでも、朝鮮の伝統文化を放棄させたのでもない。汚辱と不潔を、日本統治政策で排除したかったのである。もっとも、不潔と汚辱が朝鮮の伝統文化というなら、確かに日本統治は朝鮮文化・伝統を排除しようとしたのかもしれないが。

「北京を見るまでは私は、ソウルが地上のどこよりも汚い都市だと思っていたし、紹興の悪臭にであうまではソウルほどの悪臭のひどい町はないと思っていた……首都だというのに、ソウルのみすぼらしさは言葉では言い表せない」とは、明治二七（一八九四）年頃アジア旅行の印象を綴った、イザベラ・バードの記録である。[17]

このアジア旅行の十年前、日本を訪れて、日本の町の端正さと清潔、日本人の正直さと真面目さに賛辞を惜しまなかった彼女の印象が正しければ、「日本統治によって惨めな姿にされたが、日本に破壊される以前の李氏朝鮮時代の文明は、かくも絢爛豪華だったのだ」と主張したい韓国時代劇は、やはり韓国おきまりの嘘八百の一つ、論理を逆転するすり替え詐欺の一種なのである。

NHKの対韓報道

上述の如き韓国に対して、NHKはどのような報道姿勢を取っているであろうか。韓国ドラマの垂れ流しは既述の通りだが、例えば平成二五（二〇一三）年二月二五日、パククネ韓国大統領の就任式を午前十一時から十二時二十分にかけて、BS1で八十分にもわたって中継放送している。

天皇陛下のお言葉は恣意的な編集で端折るくせに、韓国大統領の就任式は延々と一〇〇パーセント生中継するNHKは、もはや韓国籍の公共放送局になり下がったと言っても過言ではない。もっともNHKの韓国贔屓は、今に始まったわけではない。オリンピックをはじめとする国際試合において、優勝した日本選手の表彰と国旗掲揚および国歌斉唱をカットする代わりに、韓国選手のそれはウィニングランまで完全放映する常習的異常さこそ、日本の公共放送局が心理的に韓国籍になった実態を如実に物語っている。

例えば、平成一八（二〇〇六）年トリノ冬季オリンピックで優勝した、荒川静香選手の表彰式において、NHKは君が代演奏と共に国旗が掲揚されている最中、ずっと天井を映し出していた。本書第二章第三節で挙げた、日本ダービーにおける「馬の尻事件」を彷彿とさせる報道姿勢ではないか。国旗掲揚の際、待機所で左手前に並歩する出走馬の尻をずっと映し続けていたこの報道姿勢は、NHKの確信犯的反日偏向理念に基づくものなのである。

他方、平成二一（二〇〇九）年、世界選手権で韓国のキムヨナ選手が優勝した際には、表彰式における韓国国旗の掲揚と韓国国歌の斉唱を完全に放映した上、ウイニングランで同選手の背中に翻る韓国旗をいつまでも映していた。

優勝選手がどこの国であれ、並大抵ではあり得ない血の滲むような努力と、晴れの舞台で使命を成し遂げた選手たちの栄誉をたたえるのは当然である。しかし何故NHKは、日本の選手の表彰式だけを、日の丸の掲揚と国歌の演奏のみをカットするのだ。本当におかしいとは思わないのか。

ちなみに、キムヨナの表彰と韓国国旗・国家は放映しながら、日本選手のそれをカットする異常報道姿勢は、フジテレビも常習犯で、平成一九（二〇〇七）年に安藤美姫選手が世界選手権で優勝したときも、翌平成二〇（二〇〇八）年および平成二二（二〇一〇）年に浅田真央選手がやはり世界選手権で優勝した際にも、フジテレビは君が代をカットし、日の丸のウイニングランをカットている。その代わり平成二一（二〇〇九）年の世界選手権キムヨナ優勝の時には、韓国国旗・国歌、およびウイニングランを完全放映している。

平成二二(二〇一〇)年に、遂に猛烈な抗議が起き、フジテレビは謝罪会見を余儀なくされた。この際には、私もメディア報道研究政策センター理事長として、また頑張れ日本全国行動委員会神奈川県本部長として、フジテレビ前に赴き、厳重苛烈な抗議演説を行った。

謝罪会見後フジテレビは、翌平成二三(二〇一一)年世界選手権で優勝した安藤美姫の表彰式は放映したが、同年サッカー・ワールドカップで優勝したなでしこジャパンに関しては、表彰式をカットしている。

こうした我が国メディアの異常性は、韓国の反日活動の激化と共に、視聴者の怒りを深く広く浸透させつつある。

ミニメディアの時代

マスコミのみが、情報の発信源として跋扈する時代は、今や急速に過去のものとなりつつある。情報化革命と言われた新しい時代の波は、いよいよ我々の日常生活を大きく変化させようとしている。パソコンや携帯電話などの手軽な端末を通じて、我々は世界の片隅で起きているどんな些細な出来事でも、直ちにリアルタイムで入手し、感想や感情を世界中の人々と共有できる時代に生きている。

こんな時代に、マスコミがいくら事実を隠そうとも、あるいはデマ情報を流そうとも、または不公正な報道姿勢で世論をねじ曲げようとしても、その真の姿は早晩アリの大群のようなミニメディアの襲来によって、洗い出されるようになってきている。

長期独裁政権を次々に倒した「アラブの春」も、圧政による片田舎での事件が、インターネットを通じたミニメディアによって、瞬く間に全国・全世界に共有されたことによって起きている。例えば、圧政に抗議して焼身自殺する人の姿は、手のひらに載る携帯画像によって、正に手に取るように時々刻々の燃えさかる炎と共に映し出される。こうした無視できない臨場感が、世論に火を付けたのである。

韓国選手の優勝は、ウイニングランまで映してお祝いするのに、日本選手の優勝は表彰式も映さない。こんな卑劣で不公平で異常きわまる我が国マスメディアの実態は、今やミニメディアによって記録され、共有され、そして問題視されている。かかるミニメディアの時代には、マスメディアの不正が放置され続けるなどということは、いくらマスメディア自身がとぼけようとも、決してあり得ない事態となっている。まして、国民から受信料を強制徴収している公共放送ＮＨＫの卑怯な不公正が、逃げやおとぼけでいずれうやむやになるなどという時代は、とっくに過ぎ去っていることを知らなければならない。

第四章　ＮＨＫ受信料裁判と司法の壁

既に前章で述べたように、ＮＨＫの反日偏向姿勢がいかに根深いものであるか、その実感と確信は「戦後五十年国会謝罪決議」をめぐる論戦を通じて不動なものとなった。

敗戦後日本は、理不尽な戦争裁判によって国内外で約二千名が処刑されている。また、四年間の戦争の後に七年間もの屈辱的な占領を受け、その弊害は今日なお尾を引き続けている。その上なお、敗戦半世紀後を記念してここで再び謝罪という屈辱の上塗りを、今度は自らの意思で選択しようとする国会議員は正気ではない、というのが我々反対運動の論拠であり、また動機であった。

我々が、健全な公共放送局の復活を諦め、ＮＨＫ解体へ向けた受信料不払い運動へ舵を切るきっかけとして、特に決定的だったのは、「私の謝罪電話」（第二章第四節参照）であった。国会謝罪決議に反対する、反対派四千名に及ぶ大デモ行進を一秒も放送しない代わりに、ＮＨＫはニュース番組を使って「私の謝罪電話」なる企画のＰＲを流し続けていた。

「私の謝罪電話」は、謝罪決議を推進する政治勢力による企画だが、ＮＨＫはこの特定市民団体の企画を、公共の電波を惜しみなく駆使して、戦争中アジアの人々に犯した罪の実体験や伝聞証言を集める意義を喧伝し、電話番号まで紹介して応募を呼びかけた。

我々の反対運動はただの一秒も報道しない代わりに、論証の甚だ曖昧な旧日本軍の戦争犯罪には、ドキュメンタリー番組はもとより、ドラマや子供番組まで動員して報道するＮＨＫの姿には、到底不偏不党な公平性を読み取ることはできない。

度重なる抗議活動にもかかわらず、ＮＨＫの基本姿勢が改められることはなかった。故に、我々はもはや健全な公共放送への回帰をＮＨＫに期待することはできないと判断し、同協会の解体へと運動の焦点を移し、受信料の不払い運動に舵を切らざるを得なかった訳である。

第一節　法的恫喝と強制徴収による報復

ＮＨＫ受信料の支払い拒否に対して、ＮＨＫは自らの番組編成への反省ではなく、法的強制による受信料確保という強行策をもって応じた。その効果は絶大で、東日本大震災の大惨禍によって数万世帯が受信料納付不能となったにもかかわらず、平成二三年度の受信料収入は六千八百億円にのぼり、過去最高を記録している。これに味をしめたＮＨＫは、今後も不払い者に対する訴訟を加速してくるに違いない。

簡易裁判所からの支払い督促命令を受け取った不払い者が、あたふたと納付してくる姿に、ＮＨＫはさぞかしほくそ笑んでいることであろう。しかし、たとえ裁判で争ってでも、さらに結局は敗訴して支払い判決を受けてでも、出るところへ出てＮＨＫの番組の偏向について、言うべきことを言わなければならないという気骨ある良識者も少なくない。

過去の判例からすると、不払いをめぐる裁判は明らかにＮＨＫ側に有利である。しかしながら、メディア報道研究政策センター会員以外の裁判では、ＮＨＫの番組内容に立ち入った事例はなく、例えば受信契約が同居の妻によるものだから無効ではないかというものや、あるいはＮＨＫは受信できるが見ていないから払わなくてもよいはずであるといった点が争点となっている。

本稿でこれから紹介する裁判事例は、こうした従来の争点とは異なり、はじめてＮＨＫの放送内容に立ち入った問題が、裁判審理の俎上に載せられつつある事例である。

メディア報道研究政策センター会員の裁判事例

どんなに抗議しても蛙の面に水、法的に争っても悠然と全面勝訴する、「みなさまの反日偏向ＮＨＫ」に、いかに対処すべきか。一般社団法人メディア報道研究政策センターは、前身である「昭和史研究所」および「ＮＨＫ報道を考へる会」（代表故中村粲教授）の遺業と遺志とを継承し、個別対応では限界のある対ＮＨＫ不払い抗争に、法的・論理的支援を与えるべく創設された。

現在会員（総数一千四百名）の裁判件数は、一審判決が出た事件を含めて七件である。このうち提訴時期が最も早い、会員Ｔ氏への受信契約締結に関する告訴事例は、受信料支払い義務に関する議論のみならず、契約義務に関わる論点を含んでいる点が特徴的である。

Ｔ氏訴訟では先ず、ＮＨＫは当初請求金額を四千五百八十円としていながら、Ｔ氏がＮＨＫの偏向報道を理由に断固として戦う意志を見せるや、ＮＨＫはＴ氏の衛星受信機設置時期に遡って、請求金額を十六万八千七百二十円に引き上げている点は特筆に値しよう。

ここでＮＨＫは、受信契約の発効を受信機設置の時点と主張している。彼らの論拠は放送法第六四条であり、同条はたしかに、受信機を設置した者は受信契約をしなければならず、契約した者は受信料を支払わなければならないと規定している。しかしだからといって、テレビを買ってきて据付けただけで、同時に受信契約が成立するという解釈は、余りにも手前勝手な解釈なのではないだろうか。テレビはあるがいまだ契約していない世帯に対して、契約を呼びかけ説得する努力は、事業者として当然尽くされるべき事業者使命ではないのか。もしＮＨＫのような勝手な解釈がまかり通れば、ＮＨＫは何の営業努力もなしに、さらに過去に遡ることによって、数千億円以上の受信料を自動的に得られることになる。本件が、契約の自由を論点とする所以はここにある。

放送法第六四条は受信機の設置と同時に契約を義務づけているが、この法規自体が契約の自由に背馳している。強制契約が正当化されるのは、契約拒否を受ける者が著しい不利益を受ける弱者である場合のみであるというのが、通常の解釈である。例えば医者の少ない地方などで、特定の病気の患者が診察を拒否されるとか、独占的な事業組合が特定個人の加入を拒否するといった事例である。この場合、その患者や個人業者は重大な不利益を被る。従って、診療契約や組合加入に関しては、強制契約が義務づけられる場合がある。

しかし受信契約の場合、ＮＨＫは極めて巨大な事業体であり、強制契約によって保護されなければならない、あるいは契約拒否によって著しく不利になる弱者とは言えない。反日偏向番組を見せつけられ、しかもその番組制作への出資を余儀なくされている良識的視聴者個々人こそが、強制契約によって著しい不利益を被っているのではないのか。

放送法を楯に取る、放送法違反のNHK

既述の如く、NHKの論拠は放送法第六四条である。受信料集金人たちも、ことあるごとにこの放送法第六四条を振り回しているらしい。かくも放送法大好きのNHKだが、同法第四条の規定は無視し続けてはばからない。第四条には、事実を曲げないで報道する、政治的な公平、多様な観点からの公平な論点の報道、公序良俗への配慮、等の規定がある。この第四条にこれほど見事に違反しておきながら、一体何の放送法だというのだろうか。自分に都合のよい条文だけを振り回すことは許されないはずだ、というのが本件被告側の要点に他ならない。

T氏裁判は、平成二三年秋から既に十二回公判が開かれており、現在審理の焦点は、テレビを据付けたらNHKと契約しなければならないと規定する、放送法第六四条一項の規定は、憲法違反なのではないかという点にある。

すなわち、放送法第四条を無視して、著しく偏向した反日番組を編集放映し続けるNHKに対して、これに嫌悪感を持つ人にも受信契約を強いる法律は、憲法の一三条（個人の尊重）、一九条（思想及び良心の自由）、二一条（表現の自由）、二九条（財産権の尊重）などに違反しているのではないかという論点である。

しかも、放送法第六四条第一項の規定からすれば、ＮＨＫとの契約を拒否または解約するためには、テレビそのものを廃棄しなければならず、そうするとＮＨＫとは何の関係もない民放も全て視聴できなくなってしまう。これは、表現の自由を支える国民の知る権利を、著しく侵害すると言わなければならない。

さらに、強制契約を定める放送法第六四条を前提にしても、テレビの購入・据付けをもって自動的に契約が成立すると考えることはできない。例えば、前述の組合加入の強制契約を例にとって考えてみよう。仮にとある漁業組合で、組合理事の何らかの遺恨によって、正当な理由なく特定の漁師のみが、組合加入を拒否されている案件があったとしよう。この場合、組合加入拒否は違法であるから、裁判になれば組合に対して加入を認めるよう判決が下されるに違いない。しかし、だからといって、この漁師が組合加入申請の時点から、あるいは漁船を買った時点から、自動的に組合に加入していたということにはならない。

本件、ＮＨＫ受信契約の場合も、放送法第六四条を根拠にＮＨＫとの契約を結ぶよう判決が下されれば、その時点で契約が締結され、受信料支払いもその時点から始まると考えるのが当然であろう。

受信料裁判の論点整理

その他六件の会員裁判は、既に受信契約に応じて何回か受信料を支払ったが、その後NHKの反日偏向報道が余りにもひどいので、支払いを停止したという事例である。このうち二件は、先日地裁判決が出て、受信料の時効五年が認められた事案である。この二件のうちの一件に対して、NHKは、時効十年を主張して控訴している。高裁判決では過去に時効五年が確定した例があるが、最高裁判決はまだ出ていない。商法の規定を援用すれば、五年の時効が妥当であるにもかかわらず、NHKはここに来て、何とか時効十年を確定したいとやっきになっているらしい。

NHKは、受信契約書があるものについては、その契約書を論拠に受信料の支払いを求めている。また、実際に契約書が存在しなくても、一度でも受信料を支払った事実があれば、その時点で受信契約に同意したものと見なすことができるとの解釈に立って、受信料を請求している。

当センターとしては、先ずNHKが公正な報道を義務づけている、放送法第四条に違反している点を何よりも重視している。受信契約書があろうとなかろうと、あるいは過去の支払い事実をもって受信契約に同意したと見なされようと見なされまいと、言わばそんなことはどうでもよい。要点は、NHKが事実を曲げて報道していること、論争のある問題に対して公平な立場を取っていないこと、公序良俗に反して我が国の名誉を毀損し続けていること、これらの報道姿勢が放送法に違反しているのであるから、ＮＨＫは放送法を楯に受信契約と受信料支払いを強要することは断じてできないはずである。我らの主張は、正にこの一点に尽きると言ってもよい。

つまり、たとえかつて受信契約をしようとも、あいは受信に同意して受信料を支払った過去の事実があろうとも、それはＮＨＫが公共放送にふさわしい、まともな放送をするとの期待に基づくものである。従って、放送内容が期待を著しく裏切る場合、契約者の一方に契約解除の自由が認められるべきことは、ほとんど自明と言うべきであろう。

しかしもし、それでも第六四条を根拠に、ＮＨＫとの契約と受信料支払いが強制されるというのであれば、同法規は憲法違反という他はない。従って、憲法違反の同法は無効であり、廃止すべきであるというのが、我らの運動の眼目となる。

耳目を疑うような史実の改竄、腹の煮えるような一方的で独善的な解釈、虫酸の走るような韓流ドラマの垂れ流し……視聴者の批判に耳を貸さずに、「見る見ないは貴方の勝手だが、反日偏向番組への経済的支援は国民の義務です」と言うに等しいＮＨＫ。こんな放送局への受信料支払いを強要する法律は、「個人の尊重」や「思想・良心の自由」、「財産権の尊重」の対極に位置することは明らかではないか。

放送法第六四条を葬り去れば、ＮＨＫは受信料強制徴収の法的根拠を失い、毎年自動的に流れ込む六千八百億円にものぼる受信料収入の要路は決壊し、長年におよぶ湯水の如き資金と傲岸不遜とによって、すっかり腐りきった組織倫理を放棄しなければならないときが必ず来る。

NHK側の反論

NHKの反論は、既に論じてきたように、おおむね放送法第六四条に基づくもので、法律があるのだから支払えという主旨である。また、憲法違反の訴えに対しては、あくまでNHKは公共の福祉に貢献する非営利の団体で、「表現の自由」を支える国民の知る権利を守る立場にあると主張している。

放送受信料については、国家機関ではない特殊法人に徴収権が認められた「特殊な負担金というべきもの」と表現し、放送サービスを公平に全国あまねく充実するための資金として、視聴者が等しく負担すべきものと主張している。

歪曲・偏向をほしいままにするNHKが、国民の知る権利を守るとは噴飯ものだが、「特殊な負担金」などという曖昧な受信料の定義も、受信料制度の不合理性を露呈している。いまだテレビの普及率が低く、放送局がほとんどNHKしかなかった時代、この時期に制定された放送法にはそれなりの意味があった。その時代、テレビを見るということは、要するにNHKを見ることにほぼ等しく、受信可能な地域も限られていたから、テレビの購入・設置と同時に受信料を取っても、その受信料で放送設備を拡充させても、受益者負担の原則にも反しないし、公共の福祉にも資するものだった。

それは第一章第一節で既に述べたように、自動車税とのアナロジーをもって説明することができる。つまり、まだ砂利道ばかりで自動車の普及率が低かった時代に、ガソリン税で主要道路の舗装・拡充を進めようとした税制は公共の福祉の観点からも、また受益者負担の観点からも合理的なものであった。舗装道路拡充の便益は、自動車に乗っている人にしかもたらされないから、そのための財源は自動車の所有者から集める。これが受益者負担の原則である。ガソリンは自動車に入れるから、そこから財源を取って必要な道路整備を進めてきたわけである。

しかし、自動車の普及率が一家に一台二台と増大すると、ガソリン税収入は莫大なものとなり、必要な道路の整備も飽和状態に近づいた。それでもなお道路整備の特定財源として取り続けるガソリン税が、不要な道路建設や冗漫な道路・運輸関連組織というむだ遣いの問題を惹起してきた。

これと同じことが、受信料制度にも言える。テレビ普及率が一家に一台二台と増大し、放送施設の拡充も飽和状態になるに従って、莫大な受信料収入はそれらしい使途を求めて迷走する。ＮＨＫ職員の度はずれた不祥事も、この観点からの分析が不可欠である。何の努力もなしに流れ込む莫大な受信料は、ＮＨＫの〝根腐れ病〟の一つの大きな原因である。

さらに、民放各局の参入により、もはやテレビの設置とＮＨＫの受信とは、決して同値ではない時代になっている。つまり、受像器の設置とＮＨＫの受信、受信料と放送サービス拡充との間の関係は、限りなく緩慢となり、受信契約の強制規定は受益者負担に反する、時代錯誤の悪法と化していることを知るべきである。

ＮＨＫ解体への道

今後裁判審理の焦点は、ＮＨＫの放送内容が放送法第四条に、たしかに違反していると言い得るか否かに当てられざるを得ないであろうし、またその審理こそ我々が長年求めて止まなかったテーマである。

この時こそ、「昭和史研究所」において丹念に調査された近現代史の真実と、「ＮＨＫ報道を考へる会」以来収集されたＮＨＫの偏向反日放送の実録ビデオが、ものを言う時が来る。放送法に違反するＮＨＫが、放送法を根拠に受信料請求を正当化することはできないはずだが、もしそれが許されるなら六四条は憲法に違反していることになる。この王手飛車取りの詰め将棋は、明らかに我々に利がある。

しかしながら、先の「ジャパンデビュー」の地裁判決に見るように、司法の判断は明らかにＮＨＫびいきなものが多く、全く予断を許さない。「日台戦争」なるテロップ付きの解説には、この造語を用いた歴史家から、用語使用の主旨が違うと番組へのクレームを受け、台湾の証言者からは証言の歪曲を告発されて、法廷でしどろもどろになった非常識なＮＨＫに、

「編集の自主権」をほとんど無限大に認めようとした司法の壁の存在こそ、我々が今後立ち向かわなければならない、もう一つの非常識なのである。

こともあろうに、昭和天皇を強姦罪で死刑に処するなどという、世にもおぞましい「女性戦犯国際法廷」を、判決部分はカットしたにせよ、おおむね好意的に取材・放映したＮＨＫは、公序良俗に反していないのか。事の顛末は『別冊正論』（二〇〇九、Extra12）に詳しいが、かかる反社会的で不公正かつ卑劣な企画を放映するＮＨＫは、もはや自ら公共の名を放棄しているに等しいではないか。

ことは国家の名誉にかかわっている。ウソで国家の名誉を踏みにじるのは、二重の罪を犯す行為である。我々は、尊き父祖の御霊のためにも、愛おしき子々孫々のためにも、正しい歴史と条理・常識とを護らなければならない。

不利な立場であればこそ、我々は団結して裁判に臨む。公式文書としての裁判記録の積み上げは、「被告席に立たされてもＮＨＫ受信料だけは払いたくないという人が、これほどいる公共放送とは、一体何なのか」との国会論議への導線になるに違いない。

我々メディア報道研究政策センターが、国会議員を顧問に戴いていることも、また会員相互に裁判費用を負担し合おうという対策費互助制度も、その戦いへの布石に他ならない。

第二節　判決事例の検証

初公判から一年近くを迎える会員のＮＨＫ裁判に、次々に判決が言い渡されており、ＮＨＫの偏向報道を契機とした不払い運動と「司法の壁」の本質が、明らかになりつつある。以下では、被告となった不払い会員の主張（これは同時にメディ研側の主張である）と判決文を対照して、問題点を整理してゆくことにしよう。なお、以下の要点整理においては、判決文の趣旨に即して、文章を要約し文言を分かりやすく解説的に表記する。

Ｍ氏裁判の判決事例

Ｍ氏への受信料請求裁判は、平成二四（二〇一二）年一〇月に東京地裁ではじまり、同二五（二〇一三）年八月に判決が言い渡された。東京地裁の判決では、受信料請求について五年間の時効を認め、五年間の受信料と遅延損害金および訴訟費用の支払いをＭ氏に命じている。

以下、Ｍ氏（メディ研）側主張と、裁判所の判断を対比する形で、記述する。

被告側主張（一）放送法六四条一項は、憲法四一条（国会の地位、立法権）に違反する。

一企業である原告（ＮＨＫ）に対してだけ、契約締結を義務づけた放送法六四条一項「協会の放送を受信できる設備を設置した者は、協会とその放送受信についての契約をしなければならない」は、一般性に欠け個別法であるから、立法機関である国会の機能に属さない。故に放送法六四条一項は、「国会を唯一の立法機関」と定めた憲法四一条に違反する。

地裁判断（一）放送法六四条一項は、憲法四一条に違反しない。
放送法が特に協会に公共放送の責務を課して特別に協会を設立したのであるから、放送法は一般性に欠ける個別法とは言えない。

被告側主張（二）放送法六四条一項は、憲法一四条（法の下の平等）に違反する。
国家機関ではない一企業であるＮＨＫにだけ、契約締結強制という負担を課すことは「平等の原則」を定めた憲法一四条に違反する。

地裁判断（二）放送法六四条一項は、憲法一四条に違反しない。
ＮＨＫとの間においてのみ契約義務という負担が国民に課せられているのは、放送法によって協会が特に公共的放送の責務を負うものとして設置されたからである。故に、法の下の平等を定めた憲法一四条に違反しない。

被告側主張（三）放送法六四条一項は、憲法一三条（個人の自由）及び三一条（法的手段の保障）に違反する。

受信契約の締結強制は、国家機関等ではない一企業である原告NHKを維持するためであって、憲法が規定する公共の福祉のためではなく、違憲である。


地裁判断（三）放送法六四条一項は、憲法一三条（個人の自由）及び三一条（法的手段の保障）に違反しない。

公共の福祉のために特別の責務を果たす法人であるNHKとの放送受信契約の義務を課すことは、公共の福祉を定めた憲法に違反しない。


被告側主張（四）放送法六四条一項は、「知る権利」の制限に当たる。

「受信設備の設置」は、国民の「知る権利」の行使に当たる。これに対して契約締結を強制することは「知る権利」の制限になる。


地裁判断（四）放送法六四条一項は、「知る権利」の制約になるとしても、公共の福祉のために必要な範囲にとどまるものである。

公共放送の享受を国民に保障するという公共の福祉のために、NHKの維持運営に必要な費用の範囲内で、広く国民に受信料の負担を求めることは、知る権利の制約になるとしても、公共の福祉のために必要な範囲にとどまるものである。

被告側主張（五）契約締結を強制する放送法六四条一項は、契約の自由に反する。

ＮＨＫ放送番組の中に、内容が余りに偏向しているもの、事実を曲げているもの、意見が対立している問題について、一方的な見解だけを述べているものが少なくなく、放送法四条に違反しているので、受信契約を解除して、受信料の支払いを停止した。

地裁判断（五）放送法六四条一項は、契約の自由の原則に反しない。

放送法六四条一項により、契約の自由が制限されるとしても、それは公共の福祉のために必要な限度で制限されるものにすぎないから、放送法が契約の自由に反するものではない。

被告側主張（六）放送法六四条一項は、憲法二九条（財産権）及び八四条（課税の要件）に違反する。

受信料は税金ではなく、「公共の福祉」に対する負担でもない。一企業であるＮＨＫのための負担であり、財産権と課税要件を定めた憲法二九条及び八四条に違反する。

また、ＮＨＫ放送受信者に対してのみ課金することは技術的に可能なのに、それを放置して一律に負担を強いるのは、憲法違反である。

地裁判断（一六）放送法六四条一項は、憲法二九条（財産権）及び八四条（課税の要件）に違反しない。公共的放送の責務を担うＮＨＫの維持運営のための費用負担として、公共の福祉に必要な限度で財産権が制限されるにすぎず、公共の福祉に必要な限度を超えて財産権を侵害するものではないから、放送法六四条一項は憲法違反ではない。

また、ＮＨＫの受信を希望する者にだけ課金した場合、ＮＨＫの財源が不足し、公共放送を国民に保障できなくなる可能性が想定される。そうすると、公共的放送の享受を国民に保障するための放送法六四条一項は、財産権の制約として公共の福祉のために合理的な限度を超えるものとはいえない。

判決の問題点の整理

Ｍ氏裁判の概要は以上の通りである。以下、判決の問題点を整理してみよう。先ず第一に、判決文の随所に「公共の福祉」とか「公的放送の責務」といった文言が用いられている。判決文の理由記述として、ほとんど唯一の論拠と言ってもよいほどに連発される「公共の福祉」とは、一体何なのであろうか。日本選手の表彰式をカットし、韓国選手はウイニングランまで映す放送の一体どこに、「公共の福祉」があるのか。歴史資料を改竄してまで事実を曲げ、日本の名誉を貶める反日偏向報道の一体どこに、「公的放送の責務」があるというのであろうか。

第二に、被告側主張（五）において、ＮＨＫの放送内容に関する問題が指摘されているのに、裁判所判断では、この肝腎の放送内容の是非について何も応えていない点である。この点、控訴裁判では、ＮＨＫの番組内容が公正な報道を義務づけた放送法四条に違反しているのか否か、この一点に関する裁判所判断に焦点を当てるべきであると考える。

第三に、上記地裁判断（六）は事業者としてのＮＨＫに対して、事業者として当然あるべき自助努力の必要性を免除するような異様な判断と言う他ない。スクランブル放送などの新技術で、ＮＨＫを見たくない人を排除して受信料徴収が制限されると、ＮＨＫの収入が減って公共放送の維持が困難になるから、受信料を強制的に徴収する現行制度は必要だという。

放送業者に限らずおよそ事業体たるものは、自己の事業経営存続のために一定の顧客を確保すべく、多様なニーズに応えながら新機軸を模索する自助努力を怠ってはならないはずである。然るにこの裁判所判断では、ＮＨＫの事業存続のためには法的拘束によって事業収益を上げてもよいとされる。これでは、ＮＨＫの偏向番組も法外に高額な社員給与も、改善の見込みはないと言わなければならない。

受信料収入が減っては困るなら、減らないようにまともな番組を作る努力をする、事業者としてこんな当たり前のこともしなくてよい、法律で取り立てを義務づけておけばよいと、東京地裁は言っているのである。

要するにこの東京地裁判決では、視聴者に課せられた義務を規定する六四条は擁護されるが、放送業者に課せられた義務を規定する四条は不問に付されている。公正な放送を義務づけた四条を不問に付したまま、受信料支払いという視聴者側の義務規定のみを擁護する裁判所は、明らかに公正中立に反している。

M氏の控訴審判決

平成二五（二〇一三）年一二月二六日、東京高裁は、上記東京地裁判決を支持しM氏の控訴を棄却したが、高裁判断として次の様な注目に値する判断を付加しているので、以下この高裁判断を記述しておく。

「控訴人（M氏）が、被控訴人（NHK）の価値観を編集の自由の下に国民に押し付けるのであれば、国民の思想良心の自由を侵害することになる旨を主張するところは、検討に値する点を含むというべきである。被控訴人（NHK）が、一方で、公共の福祉に資することを理由に放送受信契約に基づく受信料を徴収し、他方で、編集の自由の下に偏った価値観に基づく番組だけを放送し続けるならば、放送受信契約の締結を強制され、受信料を負担し続ける国民の権利、利益を侵害する結果となると考えられるのであって、放送法は、そのような事態を想定していないといわざるを得ない。したがって、そのような例外的な場合に受信設備設置者である視聴者の側から放送受信契約を解除することを認めることも一つの方策と考える余地がないではないといい得る。」

本件の場合においては、「放送受信契約の解除を認めるのが相当であるとまでは解されない。」として、Ｍ氏側の上告は棄却されているが、ＮＨＫの番組内容について偏向番組がしばしば放映されるならば、視聴者側からの受信契約解除の合理性も認められ得るとの高裁判断は、極めて画期的なものと言ってよい。

こうして世の中は動いてゆくのである。今後我々は、反日偏向の程度の過激さと、頻度の頻繁なることの両面から、ＮＨＫの偏向度の高さを裁判所において実証してゆかなければならない。メディ研メンバーによる「ＮＨＫウオッチャー制度」を今後新設し、無数にあるＮＨＫ番組を分担して監視し、逃れられない反日偏向の証拠資料を収集してゆくべきであると考えている。

Ｓ氏裁判の判決事例

当然ながら受信料不払いをめぐるＳ氏裁判は、前掲のＭ氏裁判の争点と重複する点が多い。従って、以下では争点を要約して論ずるとともに、本件の特徴と言えるＮＨＫ放送内容に踏み込んだ争点を中心に検討してみよう。

被告側主張（一）ＮＨＫの番組は、放送業者に公正な放送を義務づけた放送法四条に違反しているのだから、受信料支払いを拒否するのは当然である。

ＮＨＫの放送番組の中に、内容があまりに偏向し、事実を曲げ、意見が対立している問題について一方的な見解だけを述べるなど、放送法四条に違反したものが少なくなかったので、受信料支払いを停止した。

地裁判断（一）受信者は、ＮＨＫの放送内容のいかんに関わらず、受信料を支払わなければならない。

ＮＨＫの放送番組が放送法四条に違反したものであることを認めるに足りる証拠はないし、放送法四条の定めるＮＨＫの義務は、個々の契約者との間において、放送受信料の支払い義務と対価的な双務関係に立つものではないから、受信者はＮＨＫの放送内容を理由に放送受信契約や受信料支払いを拒絶することはできない。

被告側主張（二）一法人に過ぎないＮＨＫへの受信契約を義務づける放送法六四条は憲法違反である。

テレビを持っている視聴者に対して、ＮＨＫとの受信契約と受信料支払いを義務づける放送法六四条の規定が、一法人に過ぎないＮＨＫのみに関する法律であって一般性に欠け、および実質的に受信設備設置者を規制できる立法権をＮＨＫに与えている点から、同法は立法に関する憲法四一条に違反する。

地裁判断（二）放送法六四条は、受信者一般に等しく適用されるから、憲法違反ではない。受信契約及び受信料支払いに関する義務規約は、不特定多数の受信設備設置者に対して一律に課されているから、一般性を有する法規範であり憲法に違反しない。

被告側主張（三）放送法六四条は一企業たるＮＨＫの存続のための規定で、公共の福祉に資するとは言えず、憲法違反である。

受信契約及び受信料支払いに関する義務規約は、一企業に過ぎないＮＨＫを維持するものであって、公共の福祉のためとは言えず、憲法一三条および三一条に違反する。

地裁判断（三）放送法六四条は、ＮＨＫが広く公正良質な放送をするためのもので、公共の福祉に適い、憲法違反ではない。

放送法は、ＮＨＫがあまねく日本全国において受信できるよう、豊かでかつ良い放送番組による国内放送を行うこと等を目的とする公共事業体が、国家からの独立性と営業広告からの中立のために合理的に規定されたもので、公共の福祉に適っている。

被告側主張（四）放送法六四条は、知る権利を制限している。

放送法六四条によれば、ＮＨＫとの受信契約を避けるためには、テレビを設置しないか廃棄するほか無く、ＮＨＫ以外の放送も見られなくなるため、知る権利が制限される。
地裁判断（四）放送法六四条は、知る権利を制限していない。
放送法六四条は、テレビの設置者に対して放送受信契約の締結を義務づけるだけであって、受信設備を設置するか否かは各人の自由であるし、同項は、ＮＨＫの放送番組の視聴を強制するものでも、原告以外の放送業者の放送番組の視聴を禁止するものでもない。

判決の問題点の整理

先ず、地裁判断の（二）（三）に関しては、Ｍ氏裁判とほぼ同断であるから省略し、地裁判断（一）について論評する。第一に、東京地裁はＮＨＫが公正な放送を定めた放送法四条に違反した証拠がないと言っているが、我々メディィ研は歴然たる偏向反日番組のビデオを保管している。今後この証拠物件を駆使して、ＮＨＫの四条違反を立証できるものと考える。

第二に、放送法四条が受信者に対する対価的双務関係を規定するものではないという点について、この判断は消費者主権と事業者の社会的責任論を否定する見解と言わなければならない。例えば、単に放送内容が気にくわないとか、出てくる俳優が嫌いな者ばかりだからと言った理由では、不払いの論拠にはなり得ないであろう。私は、韓国ドラマは反吐が出るほど嫌いで、それを垂れ流すＮＨＫを軽蔑しているが、これを理由に不払い活動を続けているわけではない。

明らかな資料の改竄、事実の歪曲に基づく報道を断じて許せないからである。この意図的で悪質な反日偏向報道の事例については、既に第三章で説明してきた通りである。ねじ曲げられた報道によって被害を受けるのは、言うまでもなく視聴者である。この視聴者を差し置いて、一体ＮＨＫは誰に対して公平正確な報道義務を負うというのであろうか。

今なお事実無根の慰安婦強制連行をめぐる喧しい反日キャンペーンと、濡れ衣による国際社会における日本国の名誉毀損状況に対して、ＮＨＫは責任がないとでも言うのであろうか。慰安婦募集における、悪質な業者を取り締まれという日本軍の通牒文を、悪質な連行をしてでも連れて来いと命じた証拠が見つかったと報道したＮＨＫの、一体どこが公正なのか。この悪質極まりない改竄について、視聴者個々人に対する責任が、ＮＨＫにないはずはない。

放送法四条に歴然と違反するＮＨＫに、同じ放送法を論拠に六四条のみを振り回して受信料を徴収することはできないはずである。それは、論理的に破綻した自己矛盾に他ならないからである。

次に、地裁判断（四）についてである。我々は、六四条がある限りＮＨＫ受信料を拒否しようとすると、テレビを廃棄しなければならないから、実質的に他の民放も見られなくなるという点を問題にしているのに対して、地裁判断はピントのずれた見解になっている。確かに六四条は民放の視聴を直接禁止していないが、ＮＨＫ受信料を払わない者には実質的に民放も全て見られない状況にする効力を持っている。我々は、この点を問題にしているのである。

要するに地裁判断では、とにかくテレビを持ったら有無を言わさず、番組内容にも関係なく、黙ってＮＨＫ受信料を支払わせる権限が、ＮＨＫには与えられていると解釈されている訳である。このような裁判所判断に、我々は絶対に承伏できない。必ずこの見解を破砕するまで戦い続ける意志を固めている。

Ｓ氏の控訴審判決

Ｓ氏の控訴審においても、東京高裁は東京地裁判決を支持し、控訴を棄却している。ＮＨＫは東京地裁の受信料支払いの消滅時効五年の認定を不服とし、時効十年を主張して控訴していたが、高裁判決でも時効五年が認められたことになる。

焦点は、受信料債権が民法一六九条の定める五年の短期消滅時効に合致するか否かにあったが、合致しないとして時効十年を主張していたＮＨＫの言い分は斥けられた。つまり地裁判断に続いて、受信料債権は民法一六九条が五年の短期消滅時効を定めた趣旨に合致するとの高裁判断が下されたわけである。

平成二六（二〇一四）年、最高裁は受信料の消滅時効を五年とする判決を下した。これによって、時効論争は決着したが、本書冒頭に述べたように、その時効の発生時期に関する最高裁判決は不可解であり、実際上莫大な受信料を請求される危険性は未だ残っている。これを回避するためには、一種特別なＮＨＫ対策が必要とされている。

Ｔ氏裁判の判決事例

Ｔ氏裁判の焦点は、以下の二点である。第一にＮＨＫとの受信契約がいつどのようにして成り立つかに関する司法判断であり、第二にはＮＨＫの偏向反日報道が公共の福祉に反するのではないかという点である。以下の争点記述（一）から（三）までが、第一の焦点であるＮＨＫとの受信契約成立の時期をめぐる主張である。

第二の焦点であるＮＨＫの偏向反日報道に関する争点は、（四）に要約しておく。

被告側主張（一）「契約の自由」の観点から、放送法六四条一項は憲法違反である。契約の自由は、憲法一三条、一九条、二一条、二九条などの規定の根本にある大原則であり、放送法六四条一項は、契約の自由を特別の理由なしに制限するものであるから、憲法の上記各条に違反する。

地裁判断（一）放送法六四条一項は、憲法に違反しない。

公共の福祉のために、あまねく日本全国に於いて受信できるように豊かで、かつ善い放送番組による基幹放送を行うとともに、放送及びその受信の進歩発達に必要な業務を行い、……全体として公共の福祉に適合する健全な発達を促す総合的な体制を確保しようとしたものである。

被告側主張（二）放送法六四条は憲法一四条及び憲法四一条に違反する。

国家機関でもない一企業に契約締結の強制権を与える放送法六四条は、一般性に欠け憲法一四条に違反する。また受信料の強制徴収は、実質的に行政権の行使であり、立法機関である国会の権能に属しないから、憲法四一条に違反する。

地裁判断（二）NHKは単なる一企業とは言えない公共性を持つから、放送法六四条は憲法に違反しない。

NHKには、衆参両議院の同意を得て内閣総理大臣によって任命される委員一二名によって構成される経営委員会が設置され、経営の基本方針や番組基準及び放送番組の編集に関する基本計画など、NHKの業務の適正を確保するために必要な体制の整備、……などについて議決をすることになっている。

被告側主張（三）NHKとの受信契約は、当事者間の合意に基づく契約締結を以て成立する。

民法上契約は、申し込みと承諾の意思表示の合致によって成立する（民放五二一条以下）から、受信機設置時点で自動的にＮＨＫとの契約が成立すると見なすことはできない。

地裁判断（三）ＮＨＫとの受信契約は、テレビの設置と同時に成立すると見なすことができる。放送法六四条一項〔協会の放送を受信することのできる受信設備を設置した者は、協会とその放送の受信についての契約をしなければならない。〕は、受信料の支払に係る潜在的かつ抽象的な債権債務関係は受信機設置の時点で成立することとした上で、放送受信契約の現実の締結（成立）によって放送受信契約関係を具体的に確定し、受信料の支払いに係る具体的な債権債務関係もまた受信機設置の時点に遡って確定することを前提とした規定であると解するのが相当である。

被告側主張（四）ＮＨＫの放送は反日的で偏向しており、受信料の支払いに値しない。ＮＨＫの報道は、我が国の歴史や祖先の事績に対し著しく公平性を欠き、到底公共放送として容認できない域に達しており、放送法に適合しない放送をしているＮＨＫに対して受信料支払い債務を負わない。

地裁判断（四）偏向報道は、受信料制度を支える基盤を毀損するが、放送番組が放送法の理念に適合しているか否かは、受信料支払い債務に影響を与えない。

視聴率にとらわれない多角的視点を踏まえた真に「豊かで、かつ良い放送番組」が放送されていないと認識するに至った場合には、受信料制度を支える基盤の一つが失われることは明らかというべきであるが、NHKの放送する番組の内容が放送法の理念に適合しているかどうかは、個々の受信機設置者との関係で、放送受信契約に基づく受信料支払い債務の発生の有無に影響を与える事実ではなく、被告の上記主張は失当である。

判決の問題点の整理

上記地裁判断の（一）から（三）について、相変わらず司法はNHKの受信料制度について、公共の福祉を論拠に正当化する姿勢を保っている。これについては、繰り返し主張するように、資料を改竄し事実を曲げて報道し、日本の名誉を著しく傷つける番組をあまねく全国に放送することが、何故公共の福祉に貢献する事業と言い得るのか、全く理解に苦しむと言うしかない。

特に、地裁判断（三）はNHKとの受信契約がテレビを設置すると同時に、自動的に成立するという驚くべき解釈であり、NHK側の契約締結に向けての視聴者に対する営業努力や説得、あるいはクレームに対する真摯な改善努力などの一切を不要と断じているも同然である。前述のS氏裁判と同様、番組内容に関係なく、テレビを買った以上受信料を支払えという主旨の判断であり、到底容認できない。

いかなる事業者においても、顧客との契約締結に向けて、ニーズに即した財・サービスの提供を心がけて改善努力を行い、顧客の説得に努めるのが、自由主義市場社会おける当然の事業努力である。いかに公共の福祉を前提にしても、ＮＨＫのみがこうした事業努力を全く必要とせず、視聴者のテレビ購入と同時に自動的に契約成立が認められるという司法判断は、ＮＨＫの真摯な改善努力を未来永劫絶望的に毀損し、自由市場社会のメカニズムを根底から覆す破壊的解釈と言わなければならない。

ただし、地裁判断（四）では、偏向報道が受信料制度を支える基盤を毀損することを認めた点は、明らかに一歩前進と考えてよい。というのは、Ｍ氏裁判ではＮＨＫの偏向報道に関する被告側主張に対して、地裁は何ら言及しておらずこれを無視している。Ｓ氏裁判では、ＮＨＫの偏向放送の証拠がなく、また受信料は番組内容に関係なく義務づけられていると述べている。

これに対して、Ｔ氏裁判では、偏向放送があればそれは受信制度を支える基盤が明らかに毀損されるとの判断を示しているからである。これはＭ氏裁判の東京高裁判断と並んで、明らかな前進である。これから先、ＮＨＫによる明らかな捏造・改竄の事実を法廷審議の俎上に挙げてゆくべきであろう。

第三節　今後の対ＮＨＫ裁判闘争

以上前節において、メディ研会員の代表的裁判について、東京地裁および東京高裁の判決・判断を見てきた。地裁判断は、おおむねＮＨＫ側の主張に沿ったもので、今後はＮＨＫの報道がいかに意図的な改竄によって事実を曲げた悪質なものであるかを立証し、それでも黙って協力金とも言える受信料を払い続けなければならないという放送法の主旨が、いかに視聴者の基本的人権を蹂躙するものであるかを主張してゆかねばならない。

従って、メディ研会員のＮＨＫ裁判は全て東京高裁に控訴している。東京高裁で、偏向放送が受信料制度の前提条件を毀損すると判断されたＭ氏裁判を除いて、最高裁まで争うつもりである。もちろん、最高裁まで争っても我々が満足できる判決が出る可能性は、決して高くはない。

しかし、飽かずたゆみなき法廷闘争によって、ＮＨＫの放送内容が受信料制度を支える視聴者の信頼を、いかに深刻に傷つけてきたかを明らかにしてゆくことによって、放送内容と受信料との対価関係の認識へと、道を切りひらいてゆかねばならないと考えている。

裁判対策費制度

良識ある国民であれば誰でも、事実無根の反日偏向報道に怒りを覚えるのは当然である。しかし、東京地裁の判決では、そんな不正な公共放送局ＮＨＫに対しても、黙って受信料を支払い続けなければならないという。腸の煮えくりかえるような反日偏向、史実歪曲番組が自分の支払う受信料によって制作され続けてゆくなどという事態は、もはや良識的国民全てにとって、精神的な拷問に等しいと言う他はなく、社会的正義の観点からも基本的人権の観点からも、テレビを買ったら問答無用で受信料を支払えと言う判決は、断固として覆されなければならない。

しかしながら、一般視聴者にとって、やはり実際裁判の被告になるということは、気の重いことに違いない。どんなにＮＨＫの反日偏向番組に怒りを感じていても、実際裁判と言うことになれば、面倒な法的なやりとりをしなければならないし、第一裁判費用が一体いくらになるのか、大きな不安が募るのは当然である。そして、いくらか高の知れた受信料なら払ってしまうということになりやすい。正にこれこそがＮＨＫの狙いであり、最高収入を更新した反日公共放送局の高笑いが聞こえてくる。

そこで、こうした裁判にまつわるさまざまな不安を払拭して、銃後の憂いなく反日偏向勢力ＮＨＫと思う存分法廷闘争を繰り広げられるように考案されたのが、メディア報道研究政策センターによる「裁判対策費制度」である。以下、この制度の特徴について解説してみることにしよう。

メディ研における裁判対策費制度とは、ＮＨＫのあまりにもひどい反日偏向報道に憤懣やるかたない会員が、受信料不払い運動に踏み切った場合、ＮＨＫから告訴される事態に備えるための会員互助制度である。会員は任意に、単年度ごとに一定の口数を選択して、対策費を拠出すれば、その年度内にＮＨＫから告訴されても、口数に応じて裁判費用と判決後の支払金額について、メディ研から支援を受けられる仕組みになっている。こうすれば、わずかな拠出金で裁判費用と判決後の支払金を、補うことができる。いわゆる、単年度ごとのかけ捨て保険のようなものである。

会員は、自分への告訴の可能性に鑑みて口数を選択する。もちろん可能性が低いと思う会員はゼロ口でもよいし、あるいはこの制度を通じて同志会員を支援しようと志す会員は、多数口を申請することもできる。

現在約一千四百名の会員の約半数がこの制度に参加し、対策費は数百万円に達し、年間十数件の裁判に対応できる予算規模と成っている。年度ごとに余剰金が発生した場合は、積み立てていって、将来の裁判件数の増加に備える。メディ研には現在、弁護士理事が三名おり、会員裁判における弁護士費用をかなり安く設定してくれているのも、大きな助けとなっている。

もちろん裁判件数が増えれば対策費支出は増大するが、会員裁判の増加によって会員の危機意識が高まり、対策費収入が増大するという現象が見られ、裁判対策費全体として見ると、裁判件数が増えるほど余剰金が増加するという傾向がある。
これは政治的対応として後段で論じるが、増大する裁判件数が累積数である一定のラインに達した段階で、メディィ研顧問の国会議員を通じて、「裁判所の被告席に立たされても、こんな放送局に受信料など払いたくはない」という視聴者が、こんなにたくさんいる公共放送局とは一体何なのだと、国会の場において反日偏向番組の検証を行う流れを作るための、国会論議を巻き起こしてゆきたいと考えている。

裁判対策マニュアル

メディィ研の前身である「ＮＨＫ報道を考へる会」の時代から、既に裁判所を使ったＮＨＫの受信料督促や告発は行われており、次第に頻発するようになった。そのため、会としてあらかじめ会員への法的対処方法を周知しておく主旨で作成されたのが、ＮＨＫ裁判対策マニュアルである。以下、その要点を紹介しておこう。

先ず、対策マニュアルではＮＨＫとの契約成立がどのようにして成り立つかを説明し、ＮＨＫによる「受信料督促手続き」と「受信契約締結請求訴訟」との違いについて説明している。しかしながら、前節Ｔ氏裁判における地裁判断（三）のような裁判所判断が、今後上級裁判所において確定してくると、テレビを設置してさえいれば契約が成立していると見なされることになるから、ＮＨＫは「受信契約締結請求訴訟」を省いて「受信料督促手続き」のみで責め立てることができるようになるかも知れない。

現に、契約拒否世帯に対する「受信契約締結請求訴訟」および「受信料督促手続き」において、横浜地裁は平成二五（二〇一三）年六月二七日、NHKとの間に契約書を取り交わしていなくても、裁判所の判決で受信契約が成立するとして、過去四年間に遡って受信料支払いを命じている。さらに同件の控訴審において、東京高裁は平成二五（二〇一三）年一〇月三〇日、受信者が拒んでもNHK側の契約要請通知から二週間で契約は自動的に成立するとの初めての判断を下している。

さて、対策マニュアルでは、契約が必ずしも文書によらず、口頭でもまた受信料の支払いや、口座引き落としの事実によっても成立する点を指摘している。前述の契約の自動的成立が司法判断として確立すると、今後裁判の焦点は受信料督促手続きになる。

NHKが督促手続きを取ると、受信料支払い拒否者に対して、所管の簡易裁判所から「支払督促命令」が送られてくる。この支払い命令に不服がある場合には、二週間以内に「異議申立書」を作成し必ず裁判所に送付する。異議申し立ての仕方は簡単だが、メディ研会員の場合には、この時点から理事弁護士が対応する。形式上異議申し立てのチャンスは二回あるが、最初の二週間以内にしないと極めて不利になる。

前節の裁判事例において述べたように、現在受信料に関する債権債務の時効は五年で確定しつつあるから、支払い督促額によっては、裁判によって支払額が安くなる可能性がある。

いずれにしても、異議申し立てをしなければＮＨＫ側の請求額が確定する。

異議申し立てによって、簡易裁判所による「支払督促命令」は、地方裁判所における通常の訴訟に移行する。ここから先は、メディィ研会員の場合には、地方の場合でも全て東京地裁に移管して、理事弁護士が被告となった会員と相談の上、裁判を担当することになっている。

国会論議への橋渡し

受信契約のテレビ購入時点での自動的成立という司法判断が定着すると、ＮＨＫはこの司法判断を振りかざして、不払い者に対する訴訟を加速させてくるに違いない。しかし、そこに我々メディィ研の次の仕掛けが用意されている。

裁判件数の増大によって、被告席に立たされても「こんな放送局に黙って受信料など、払ってたまるか」という良識的国民の、反日偏向と事実歪曲のＮＨＫ番組に関する怒りが裁判の俎上に次々に上がって行くことになる。

自らが、放送業者に課された公正な放送の義務を果たさぬまま、受信者に課された受信料支払い義務のみを履行せよというのは、明らかに放送法の片務的な解釈判断であり、社会正義に著しく反する。放送業者としての社会的責任も、視聴者の消費者主権も全く踏みにじられている。

純然たる私企業でさえ、顧客・株主・取引業者・地域住民といった利害関係集団との間に社会的な責任を負っている。経営学に言う、いわゆるステイクホルダー論である。まして、視聴者国民一般からの受信料で運営されるＮＨＫが、視聴者の理解を得るための努力も、受信契約を説得できる番組の質的向上の努力も必要なく、テレビを買った者は自動的に契約したと見なすことができるなどという裁判所判断は、事業者努力不要論と言う他はあるまい。

ここ数年間で、受信料に関する訴訟は千数百件にのぼるが、放送された番組内容に立ち入った裁判はいまだ少ない。日本の国益を激しく毀損し続けている反日偏向報道の実態を明らかにし、受信料制度とそれを支えている放送法六四条の意味を、国会論議の俎上に挙げて行かねばならない。すなわち受信料裁判は、六四条廃案への道を切り拓く国会論戦のための前哨戦なのである。

第五章　ＮＨＫに対する政治的闘争

平成二五（二〇一三）年一〇月一四日、ＮＨＫの松本正之会長が偏向報道是正のための内部資料を作って配布している旨、産経新聞で報道された(18)。同新聞記事によれば、内部資料には「竹島」および「尖閣諸島」を日本固有の領土という立場を明確にして、ことあるごとにしっかりと伝えてゆくよう指示しているという。こんな当たり前の内容をいまさら会長名で内部資料を作らねばならぬほど、ＮＨＫは歪みきっているというわけである。

本書第二章第四節を参照されたい。ＮＨＫは平成二五(二〇一三)年七月二日、ＢＳ１の「ワールドウェイブ」という報道番組で、尖閣諸島は中共国の領土という立場からのニュースを世界中に流している。中共国のニュースを、そのまま日本語に訳して日本向けに報道したことで問題が明らかになった。この時、メディア報道研究政策センターは「頑張れ日本行動委員会」（田母神俊雄会長）と連携して、東京渋谷のＮＨＫセンタービルに押しかけて、三百人規模の抗議とデモ活動を行っている。

ＮＨＫへの抗議活動や渋谷周辺でのデモは、それこそことあるごとにしばしば実施しているから、こうした活動も一定の効果を上げていると自負しているが、何と言ってもＮＨＫが直接的に脅威と感じるのは、やはり政界・財界からの批判であろう。

現に、ＮＨＫ報道が反原発に偏りすぎているという、政財界からの批判について松本ＮＨＫ会長（当時）は、内部資料で注意を促している。前節で論じた司法の壁に対抗するためにも、我々は今後立法府たる国会を通じた活動、国会議員を巻き込んだ運動を展開してゆくべきであろう。メディ研では、既に保守系の国会議員数名を顧問として迎えており、十分な意思疎通を図っている。かかる国会議員顧問団の拡充こそ、今後の対ＮＨＫ闘争の要諦となって来るであろう。

第一節　国会審議の俎上に載り始めたＮＨＫ問題

平成二五（二〇一三）年四月一二日、自民党鬼木誠衆議院議員は、衆議院予算委員会第二分科会において、ＮＨＫの反日偏向報道の問題を提起し、ＮＨＫ理事に対して公共放送としての自覚を問い糾した。

先ず鬼木議員は、現在国民の間にＮＨＫの報道が反日的で偏向しているという意見や感想が拡がっている事実を紹介するとともに、ＮＨＫに対する国民的信頼の故に、ＮＨＫによる反日偏向報道がもたらす弊害の大きさを指摘した。ＮＨＫが反日偏向報道を繰り返せば、国民の多くはその報道内容が真実であると信じやすく、結果として国民の自尊心が傷つけられ、また歴史認識が歪められてしまう。この点について、公共放送としての自覚を問う質問であった。

これに対して、石田研一ＮＨＫ理事は、ＮＨＫがガイドラインに沿って正確な取材に基づく公正な放送を心がけている旨、答弁した。

しかし、鬼木議員は麻生政権の末期において、NHKがニュース番組において「末期症状を迎えた」と報じたことを例に挙げて、報道が主観的で世論を誘導する意図を感じさせるものであり、事実を客観的に正しく報道する姿勢にもとると指摘した。

さらに、鬼木議員の中共国滞在中の二〇一二年八月、現地でNHKの国際放送を見た時の経験を披瀝した。当時開催中のロンドン・オリンピックに関する放送は一切なく、連日反日反戦番組のダイジェスト版が流されていたという。日本の公共放送が、かくも執拗に日本の悪行を世界中に放送することによって、日本の悪行を日本が認めたことになり、日本罪悪史観が世界中に定着してしまう危険がある。これは先人たちの営みを否定するもので、公共放送として許されざる姿勢という、実に正鵠を射る質問であった。

これに対する石田理事の答弁は、オリンピック放送はIOCとの取り決めで、国際放送では流せないこと、および八月は戦争と平和を考えるという視点で、事実に基づいて客観的な立場から放映していると逃げを打った。

全くとぼけた返答である。IOCとの間の取り決めでは、実況あるいはビデオ放映が禁じられていても、ニュースとして試合結果を報道することまで禁止されているはずはあるまい。たとえオリンピック放送が禁止されていたにせよ、その穴埋めが反日報道一本槍とはどういう訳だ。私はそこでの番組を見ていないが、鬼木議員には、その反日番組の内容に立ち入って、これが本当に真実で客観的な内容と言えるのかと、詰め寄ってもらいたかったと思う。

鬼木議員に答弁を求められた新藤義孝総務大臣は、ＮＨＫに対する批判の存在は承知している旨発言し、ＮＨＫには国際放送も含め、政治的公平や多角的検討を定めた放送法に忠実であるよう期待すると述べた。

この後、鬼木議員は受信料制度にも触れ、民放にもひどい番組が多いが、ＮＨＫは国民から半強制的に徴収する受信料によって運営されていることを忘れてはならないと警告した。この受信料制度は、ＮＨＫは見ない見たくないでは受信料支払いを拒否できず、否応なく徴収されるという、日本の中でも異例な課金システムであると指摘した。

石田理事は、受信料は放送法に基づいて徴収していることを説明し、番組は公平に作っているが、批判のある点については真摯に受け止め信頼向上に努めると答えた。

新藤大臣は、ＮＨＫに対して良好な番組、公正な放送を期待し、我が国が正しく理解されるよう努力を期待すると述べ、日本を貶める意図で番組を作るなどということのないように、と結んだ。

最後に鬼木議員は、日本が正しく理解されるような報道をすべきで、事実を公平公正に客観的に伝えていないという批判が多い事実は、公共放送として問題であると述べて、質問を締めくくった。

今後の国会質問

上記、鬼木議員の質問はＮＨＫの反日偏向報道の問題を、真正面から糾した注目すべき国会質問である。質問内容は論理的で明快であり、かつ要点を的確に捉えていたと思う。すなわち、ＮＨＫが国民からの受信料徴収によって成り立つ公共放送であるため、ＮＨＫは日本の立場を代表するものとして国内外から信頼を置かれる位置にある点、故にＮＨＫの放送はことさら公平公正でなければならない点、にもかかわらず偏向反日番組の垂れ流しが行われていることの重大性の指摘、という論理展開がそれである。

ただし願わくば、さらに具体的な番組内容に立ち入って、これこれの番組で報じていたこの内容は事実に反するではないかといった、逃れられない放送法違反の事例をもって、反日ＮＨＫの尻尾をつかむ追求が欲しかった。この点は今後の課題であろう。

事実検証を前面に出して、理路整然と反日捏造近現代史を国会の場で糾弾したのは、日本維新の会中山成彬衆議院議員である。この国会質問は、理路整然たる論旨が丁寧な歴史資料によって緻密に実証されており、一分の隙もない見事なものであった。その証拠に慰安婦強制連行の全否定という、韓国にとっては我慢ならないはずの、この歴史的真実の披瀝に対して、韓国もまた中共も一切何の批判もできなかったことである。

これから、反日偏向報道に対する国会審議は、この中山議員の如く具体的で実証的でなければならない。今後の模範とすべき中山議員の国会質問について、以下少し検討しておくことにしたい。

中山成彬議員の国会質問

維新の会中山成彬衆議院議員は、平成二五（二〇一三）年三月一三日の衆議院予算委員会において、日本の朝鮮半島統治時代の施政と慰安婦問題の真実について解説し、日本の近現代史に関する現在および将来の教育について質問した。

まず、中山議員は日本の朝鮮半島併合以降の施政について、鉄道と学校の建設事例を具体的に示しながら、当時の日本が朝鮮半島の近代化に対して、いかに熱心に取り組んでいたかを解説した。

例えば、京城（現ソウル）地下鉄の開通が昭和一五（一九四〇）年であり、日本初の地下鉄である銀座線が浅草―渋谷間で開通した翌年であること、昭和一二（一九三七）年までに朝鮮全土における国鉄私鉄総計が五千キロメートルに及んでいたこと、そして昭和二〇年までにさらに一千キロメートル延長されていることを指摘した。日本統治前まで鉄道がなかった朝鮮に、いかに急速にインフラ整備が成されたか、またそれが朝鮮の急速な近代化と人々の生活向上にいかに寄与したか、誰でもすぐに理解できる話である。

中山議員は、当時の写真と図表を駆使して、極めて正確明瞭にわかりやすく解説を進めた。フリップで示された、明治三二（一八九九）年当時の京城―仁川間に懸けられた漢江大鉄橋の写真は、明治四三（一九一〇）年の韓国併合以前から、日本の経済・技術的援助があった事実を端的に示していた。

また中山議員は、レンガ造りの壮麗な建造物の写真をいくつか示し、それが京城帝国大学をはじめとする高等および中等初等教育機関であることを説明した。中山議員は、京城帝大の創設が大阪帝大に先立つこと七年、名古屋帝大に先立つこと一五年である事実を挙げ、当時の日本が朝鮮における文明文化の高度化において、差別どころかむしろ内地に勝るとも劣らぬ優先順位で、積極的に投資していた真実を披瀝した。初等教育においても、日韓併合時に一〇〇校しかなかった公立学校を、昭和五（一九三〇）年には一千五百校に、昭和一七（一九四二）年には四千二百七十一校にしたこと、さらに寒冷な朝鮮半島では校舎が鉄筋レンガ造りであったことにも言及した。当時、ほとんど全てが木造校舎だった内地と比較してみれば、正に差別どころではない恵まれた状況であった点を、中山議員は指摘する。

次に中山議員は、創氏改名の真実と教科書記述の齟齬を取り上げた。再び当時の新聞記事の大きな写真を示し、「氏の創設は自由」あるいは「強制と誤解するな」といった朝鮮総督府からの注意を促す通達文を紹介した。あるいは、日本名への改名のために役所窓口に殺到する京城市民の写真を示し、創氏改名が「日本名を名乗ってもよい」とする許可法であった真実を披露した。にもかかわらず、日本の歴史教科書ではこれを強制と記述している点について、中山議員は下村文科大臣に対して、教科書是正について問い質した。

下村文科大臣は、教科書記述の基礎になっている『日本史大事典』に「強制」の記述があるので、現在の検定制度においては間違いという判断にはならない旨答弁した。しかし、当時の新聞に「強制と誤解するな」と、これほど直截な表現もないほどはっきりと、強制を否定する通達が総督府から出されていたことが報じられている。総督府の資料に当たれば、その報道の真偽もすぐに確かめられるはずである。何のことはない。教科書の基礎になっているという『日本史大辞典』が間違っているだけのことであろう。この真偽を調べた上で、正すべきを正さずして、一体何の文部科学省なのか。

さて、同日午前中の民主党辻本清美衆議院議員の慰安婦問題に関する質問に関連して、中山議員は「強制連行」なる問題がいかに荒唐無稽なデタラメであるかを、これまた史料・写真を駆使して証明した。先ず、平成四（一九九二）年一月一一日朝日新聞が、「慰安所軍関与示す資料」として報じた資料は、軍が警察等と協力して悪徳業者を取り締まるよう指示した通達文書であり（第二章第一節参照）、虚報が強制連行説捏造の道を開いた点を指摘した。

中山議員は、当時朝鮮半島における道議会議員の八割が朝鮮出身者であり、首長も代々ほとんどが朝鮮の人であり、また警察幹部にも多くの朝鮮出身者がいた事実を挙げ、官憲による一般婦女子の強制連行など不可能ではないかと、午前中の馬鹿げた辻本議員の発言を論破した。

当時の朝日新聞は、むしろ朝鮮の悪徳業者の悪行の凄まじさを報じ、またそれらを警察が逮捕した記事を数多く掲載している。中山議員はその証拠写真を提示しつつ、警察機能が健全に機能していた現実を確認し、かかる環境下において日本兵による二十万人もの一般婦女子の強制連行など、あり得ようはずがないではないかと説破する。

さらに中山議員は、韓国政府が現在なお二十万人もの一般婦女子が家庭や町中から日本軍によって無理矢理連行され、セックス・スレイブにされたなどと主張し、韓国内外に慰安婦の少女像を建て、デタラメな碑文をもって日本の名誉を汚し続けていることの深刻さを指摘する。軍律厳正であった日本軍兵士たちの根底には、武士道精神があったと中山議員は述べ、こうした尊い我々の祖先が侮辱されている現実をこそ、直視すべきことを訴える。

中山議員は、当然為すべき歴史的検証と、検証に基づく反論の労苦を逃れて、その場しのぎの安易な妥協に堕してきた自民党政権の責任に言及し、GHQ司令官として東京裁判で日本を断罪したD・マッカーサー彼自身が、昭和二六（一九五一）年アメリカ上院軍事外交委員会において、「アメリカによって資源供給の道を絶たれた日本が、戦争に突入した目的は、主として安全保障の必要に迫られてのことだった」と発言している事実を紹介した。

このマッカーサー発言を、侵略国家日本罪悪史観からの脱却のために、石原東京都知事（当時）主導の下で、現代史教科書の副読本にしている東京都に倣って、全国でも副読本にしてはどうかと、中山議員は下村文科大臣に再び質問した。文科大臣は、地方自治体の教材でも、優れたものは全国で共有してゆきたい旨答弁した。

最後に、中山議員は国連の海洋調査以前に、尖閣諸島が日本領としてはっきり描かれた中共国発行の地図をフリップで紹介し、外務省のホームページで公開すべきだと主張して、質問を締めくくった。

ＮＨＫの中山議員質問動画削除事件

以上、中山成彬議員の国会質問を検討してきたが、誠に付け入る隙のない見事な構成となっている。それは、歴史的な資料を忠実に検証し、先ず客観的なデータをもって歴史的事実を実証する姿勢であり、かつそれらの事実に基づいて反日勢力の主張の不合理を指摘している点である。さらに、かかる歴史検証に基づいて、我々が為さねばならぬ国家的名誉の保全に対する真摯な使命感が、発言全体に貫かれているその静かなる気迫である。

韓国政府にとっては、到底我慢のならぬ中山議員の正論にもかかわらず、この国会発言に対しては、韓国側からもＮＨＫや朝日新聞などの国内の反日勢力からも、全く何の反論も起こらなかった。客観的資料の正確な検証に基づくこの発言には、到底付け入る隙がなく、下手に切り込めば反対に論破され、却って自ら捏造の実態をさらけ出す羽目になることが目に見えていたからに他ならない。

中山発言はたちまち多くの賛同を得て、ユーチューブの動画にはアクセスが殺到した。これに対して反日メディアＮＨＫは、この国会審議における中山発言の動画を、著作権を理由に削除する挙に出た。しかるに、同日午前中に行われた辻本清美議員による、歴史資料をもてあそんで慰安婦強制連行の事実を政府に認めさせようとした国会質問の動画は、決して削除されることはなかった。

こうした意図的差別的な報道姿勢は、政治的中立や多角的観点からの報道を定めた、放送法第四条に明らかに違反している。従って、我々メディア報道研究政策センターは、頑張れ日本行動委員会（会長田母神俊雄氏）と連携して、東京渋谷のＮＨＫ本局前において、抗議の街宣集会とデモ行進を行った。

中山議員の動画だけを削除した差別的対応に関しては、三月二七日の参議院総務委員会において、みどりの風参議院議員亀井亜紀子氏が質問に立ち、著作権侵害を理由に削除するのなら、何故中山議員の質問動画のみを削除し、辻本議員の質問動画は削除しないのかを問い質した。かかる差別的な対応は、政治的な不偏不党と中立性を規定した放送法に違反していると訴えた。

これに対してＮＨＫの石田研一理事は、ＮＨＫに無断でアップされた画像は違法であり、辻本議員の画像も、多少の時間差はあるかも知れないがいずれ削除する、と回答した。なるほど、いつものＮＨＫらしい逃げ口上である。そのいずれは一体いつだと言いたくなる。時間差があること自体が、公正性に反していると言っているのが分からないのか。

第一、「みなさまのＮＨＫ」を連呼し、国民の受信料で番組を作っている以上、番組の映像は〝みなさま〟のものではないのか。ドラマや特集番組の著作権を云々するならいざ知らず、国会中継はただ実況を流しているだけであるし、公共性の観点からも何時でも国民が見られるような手当があって然るべきところであろう。それを、特定の質疑、日本の国家的名誉の観点から行われた緻密な質疑を、選択的に削除するＮＨＫの反日偏向姿勢は、言い逃れ無用に明々白々であるという他はない。

片山さつき議員の国会質問

自民党片山さつき参議院議員は、平成二四（二〇一二）年三月二九日の参議院総務委員会において、先ず異様に高すぎるＮＨＫ職員の給与（この時点での議論では、平均給与一千二百万円）と、職員による不祥事の多発を追求した。これに対して松本正之ＮＨＫ会長は、良質な番組作成のためのモチベーション維持を理由に、高給与を正当化する弁明を展開した。

これを受けて片山議員は、良質な番組に疑問を呈し、東日本大震災の仮設住宅に関する報道で、ＮＨＫが「七〜八万件の仮設住宅を韓国に大量発注した」という韓国放送局ＫＢＳの事実に反する放送をそのまま流したことを指摘し、ＮＨＫ本局にＫＢＳが同居している問題点を指摘した。

次に片山議員は、平成二三（二〇一一）年一一月のＮＨＫ番組『お元気ですか日本列島』が、「いま日本の若者たちの間で、ハングルを絵文字にして交換し合うことが流行になっている」

と伝えたことについて、本当にアンケート調査を行ったのかどうかをＮＨＫの木田幸紀理事に確認したところ、きちんとした調査は行っていないとの返答であったと述べ、ＮＨＫの不可解な報道内容を質した。

また、平成二四年三月二八日のＮＨＫニュース番組で、在日韓国人の外国人参政権を促す内容の報道を行い、「在日韓国人に日本の参政権がないのは、その人の尊厳にも関わる重大な問題」と報じたことについて、政治的な不偏不党を規定した放送法に明らかに違反する不当な放送であるとして、訂正放送を厳しく要求した。

これらの質問に対して松本ＮＨＫ会長は、外国の放送局が同居している例は海外にもあると答弁したが、総務大臣による報道訂正要求にまで発展したＫＢＳの誤報を、そのまま放送したＮＨＫの失態に関する弁明は一切なかった。

ただひたすら、今後は公共放送の原点に立ち返って、放送法を遵守してゆくとの見解を繰り返すばかりであったが、これまで、またいま現在なお反日偏向報道を繰り返している責任を、一体誰がどう取ると言うのであろうか。

さらに片山議員は、平成二三年末日の『紅白歌合戦』出演者として、日本固有の領土竹島を不法占拠する韓国の歌手で、「独島の歌」を歌って独島キャンペーンなどを行っている者を出場させた問題、ＮＨＫ番組『ミュージック・ジャパン』の過去一年間の出演歌手のうち、韓国人歌手が三六パーセントを占めている問題、その中に大麻保持での逮捕歴がある人物が混じっていた問題を指摘した。

最後に片山議員は、ＮＨＫ大河ドラマ『平清盛』における、皇室の王家呼称について質問し、一般的ではない表現であり、王は皇帝より下位で天皇は皇帝と同格だから王とは称しないという明治以来の常識に従うよう促した。

松本会長の答弁は、終始のらりくらりと原則論の逃げ口上で、良識的国民に深刻な不快感を与え続けるＮＨＫの悪質な組織風土に対する、危機感も罪悪感もまるで感じさせない、実にいい加減なものであった。

三宅博議員の国会質問

日本維新の会三宅博衆議院議員は、衆議院総務委員会において、何度か痛烈なＮＨＫ批判を浴びせた。例えば、平成二五（二〇一三）年一一月三日の衆議院総務委員会、あるいは平成二六（二〇一四）年三月二五日の衆議院総務委員会におけるＮＨＫ予算審議での質問である。

三宅議員は、具体的なＮＨＫの反日偏向番組の事例に言及し、ＮＨＫが税金にも等しい国民からの受信料によって成り立つ公共放送でありながら、長年に亘って公正公平な放送を義務づけた放送法四条に違反している実態を追及した。

なかでも、平成二六（二〇一四）年三月二五日の衆議院総務委員会、ＮＨＫ予算審議における質問は圧巻であり、拙書『これでも公共放送かＮＨＫ！』をかざしながら、「陸支密大日記」

を改竄して放送したＮＨＫ番組、こともあろうに昭和天皇を強姦罪で死刑に処するなどとした「女性国際戦犯法廷」を取材放映したＮＨＫ番組を舌鋒鋭く追及した。

テレビ放映された三宅議員が手にする拙書には、夥しい付箋が付されており、三宅議員がこの質疑に際して同著を精読されていることが分かった。この映像には、正に万感迫るものがあった。と言うのは、かつて故中村粲先生（昭和史研究所・ＮＨＫ報道を考える会代表）と共に、国会議員があれほど露骨な反日偏向報道を繰り返すＮＨＫに対して、なぜ具体的な番組に照らして追及してくれないのかを語り合い、嘆きあった時代を想い出したからである。

これはという議員でも、いざとなるとなかなかＮＨＫ批判には至らない。というのも、ＮＨＫのゴールデンタイムのニュース番組で国会質問を映してもらえば、たとえ数十秒でも次回選挙での当選が確実になるなどの風評が、対ＮＨＫの戦意を挫いてきたからである。

あるいは、国会議員が具体的な番組内容に言及し批判することが、言論の自由や表現の自由に抵触する行為として、逆に糾弾されるリスクが高かったからである。しかしながら、三宅議員はかかるリスクに全く怯むことなく、ＮＨＫの放送法四条違反の事例を丁寧に説明し、改善の道について総務大臣に質問した。

新藤義孝総務大臣は、放送法四条の遵守についてこれまでよりも具体的な指導を行っている現状を説明し、公共放送番組のさらなる公正と充実・発展に寄与するよう努力する旨を答弁した。

三宅議員は、次々にＮＨＫの具体的な番組内容を指摘して、これほどの反日偏向報道を繰り返すＮＨＫを「もはや国民の敵と言うしかない」と結論し、受信料制度の正当性に疑問を呈し、「ＮＨＫ解体」にまで斬り込んだのである。

受信料を強制的に徴収されながら、このようなとんでもない番組を見せられる視聴者について、「天ぷらそば定食を注文したのに、中国の毒入り餃子を出されたようなものだ」と表現して、満座をわかせる冗談を交えながら、受信料制度の不条理を追及した。

三宅議員は、平成二九（二〇一七）年四月二四日に惜しくも故人となられたが、一二年間の衆議院議員としての在任期間中を通して、その快刀乱麻を断つ活躍ぶりは特筆に値しよう。

三宅議員のこの国会質問の半年後、最高裁判所はＮＨＫ受信料の消滅時効を、ＮＨＫの主張する一〇年を斥け、五年とする判決を下した。理路整然として容赦のない、決然とした三宅議員のＮＨＫ批判が、かかる最高裁判決にもおそらくは、何らかの効果を及ぼしたのではないかとの推論を禁じ得ない。

第二節　真正保守政党への期待

「河野官房長官談話」に象徴される自民党時代のヌエのような体質を持つ長期政権に、国民が見切りをつけたのは当然であったと思う。言うまでもなく、自民党の体たらくで雪崩込んだ三年余にわたる民主党政権時代は、誰の目にもはっきりと映る極めて分かりやすい一大失政時代となった。

この流れの中から、国家観の堅実な現在の自民党安倍政権への回帰があったが、さらに真正保守勢力への萌芽も見られ、例えば「維新の会」の如き政党は、民主党時代の大失政をも歴史的必然として意義づけられるほどの意味を持つかに見えた。前節で検証したように、例えば中山成彬議員のような矜持に満ちた健全な国家観と、鋭利かつ緻密な歴史分析こそ、長年待望されてきた真正保守勢力の真骨頂に他ならない。

その意味で、返す返すも残念だったのは、橋下徹代表による一知半解の域を出ない「慰安婦発言」で、一撃の機会を虎視眈々と狙っていた反日勢力に見事に足下をすくわれた失策である。多少メディア対策から論題がそれるようだが、今後の政治的対応上重要な問題であるから、この点少し要点を検証してみる必要があろう。

橋下発言の問題点

平成二五（二〇一三）年五月、慰安婦の問題について橋下維新の会代表は、「世界中どこの軍隊でもやっていたことで、日本だけが非難されるのはおかしい」という主旨で発言し、これが先ず女性の人権を唱える勢力を巻き込んだ、反日勢力によって血祭りに上げられた。曰く、「みんながやっていれば、女性の人権は蹂躙してもよいというのか」といった主旨の反論である。史実として最も大事な点は、日本軍は女性の人権を断じて蹂躙していないという点であり、これを先ずはっきりさせなければならなかったはずである。もちろん軍規違反の犯罪者は別だが、日本軍の場合軍規違反者は少数で、しかも厳罰に処されている。

繰り返しになるが、慰安婦問題の焦点は、一般婦女子の強制的な連行があったか無かったかの一点である。これも繰り返し述べるように、あったというのなら、予備交渉を含め十四年間にも及ぶ日韓交渉において、韓国側からも一度も慰安婦が議題にされていないのはどういう訳か。これだけで、慰安婦問題の捏造は既に明らかなのである。返す刀で、竹島不法占拠と領有権をめぐる懸案を、慰安婦問題にすり替える韓国政府の不公正と不誠実を言い募れば、橋下氏が不世出の真正保守政治家として勇名を轟かせたことは間違いない。

しかるに、橋下氏の論点はいわゆる人権派の追撃によって迷走し、いまだに続く沖縄や横須賀などにおける婦女子への暴行事件に関しても、最終的にはあろうことか「アメリカ国民に謝罪する」などとのトンチンカンな謝罪発言に堕してしまった。

この場違いな謝罪発言の発端は、橋下氏が米軍幹部に対する「そんなに暴行事件を起こすくらいなら、兵隊に風俗施設を使わせればよい」という発言にあった。これに対し米軍幹部は、「それは軍規によって禁止されている」と答えたという。この経緯に関して、アメリカ上院の女性議員なども論争に加わり、橋下はアメリカ人を侮辱したなどと見当違いの批判を繰り広げた。ここで、橋下氏はあえなく謝罪と相成ったわけである。

橋下氏は、「そんな守れもしない軍規があるから、一般市民が犠牲になるんじゃないか」と詰め寄るべきではなかったか。さらに言えば、人権や人道を唱える人々やアメリカの誇りを訴えるアメリカ女性議員に対して、「兵隊の性処理のために、娼婦の募集に基づく施設を許可してきた日本軍と、現地の一般女性を強姦して性処理してきたアメリカ軍と、一体どちらが人道的なのだ」と言って、戦後横浜の一年間だけでも米兵による強姦事件が約二千件あったとされる報告を示し、真に謝罪しなければならないのはアメリカ人であり、また朝鮮進駐軍を称して暴虐を繰り返した韓国朝鮮人であり、謝罪によって名誉と誇りを回復されねばならないのは日本の一般婦女子とその家族たちではないかと、性根を据えまなじりを決してこその真正保守政党代表であったはずだと悔やまれてならない。

ちなみに、アメリカ兵によって進駐初日から頻繁に犯され続けた、強姦、掠奪、殺人等の横浜における記録は、『昭和史研究所會報』の第五一号から五四号まで、「ザ・レイプ・オブ・横浜」と題して連載されている（會報は現在、㈳メディア報道研究政策センターに保管されている）。

また、橋下氏との会見を予定していた自称元慰安婦三名の来日が中止されたときも、「ご苦労された話を聞きたかったのに残念」などと、いまさら善人ぶった綺麗事は実に不甲斐なく見苦しかった。反日日教組を情け無用に責め立てた、あの橋下はどこへ行ったのか、どこへ行ってしまったのか。それは、反日日教組による悪質きわまる偏向教育の実態を彼はよく知っていたが、韓国朝鮮の悪行狡猾と戦後日本におけるアメリカ軍の凄まじい性犯罪の事実を知らなかったからであるに違いない。

三人の自称元慰安婦の来日中止に当たっては、「なるほど、これだけマスコミ注視なかでは、さすがに嘘がばれると思って逃げたのでしょう」と、例の調子で冷酷無比に言ってのけてこその橋下氏であったであろうに。

その後の地方・国政選挙の惨敗は、要するに、国軍による強姦や強制連行などの国家的犯罪と、売春は道徳的か否かなどと言う、学級会レベルの論争とを整理できなかったことで、橋下氏および維新の会が国民の期待を失ったことを、はっきりと示していた。

真正保守政党への胎動

元来、維新の会は石原慎太郎共同代表の「このままでは日本が危ない」との、真剣な危機意識から生まれたはずの政党であった。日本への国家的な危機意識を共有する平沼赳夫議員と共に「太陽の党」などの編成と合併の曲折を経て、大同団結した「維新の会」は、創立当初から旧「大阪維新の会」と旧「たちあがれ日本」との間の齟齬が問題視されていたが、この真正保守をめざす新勢力は、国民の期待を十分に担っていたと言ってよい。しかるに、前述の如き橋下代表の慰安婦問題に対する発言に、尻つぼみで腰砕けな政治意志の不甲斐なさを見せつけられた国民の間に、当初の期待が大きかっただけに、その期待を裏切られた失望感もまた大きく拡がっていった。

その後も、「国家秘密保護法案」を模索する自民党に、社民党ばりに反対を唱える議員が出て来たり、国会の承認なく北朝鮮を訪問する議員が出て来たりと、「維新の会」創設当初の理念さえ疑われる事態となっている。つまり、維新の会も自民党同様に玉石混交で、ヌエ的体質を持っていると思わざるを得ない状況にある。

保守系議員を束ねる「創生日本」なる議員連盟は、平成二〇(二〇〇七)年に自民党大敗の危機意識の中から創設され、当初五十名程度であった賛同議員が、平成二五(二〇一三)年時点で百九十名の議員数を誇るまでに成長している。その成長の主要な原因は、「創生日本」会長を務める安倍晋三首相の経済政策(いわゆるアベノミクス)が功を奏し、メディアこぞってのネガティブ・キャンペーンにもかかわらず、安倍首相が高い国民的支持を維持し続けていることにあると言ってよい。

組織の成長期こそ組織存立の危機であるとは、企業成長論の泰斗、エディス・ペンローズのテーゼだが[19]、急成長が組織に混乱や頽廃、分裂や崩壊をもたらす事例は、実は驚くほど多い。企業組織の事例には枚挙にいとまがないが、政治の世界に限って見ても、かつての「新自由クラブ」、直近の「民主党」しかりである。してみれば、現在「創生日本」は、その危機のただ中にあると言えよう。

試金石としての靖国神社公式参拝

Ｅ・ペンローズによれば、組織急成長が組織存続の危機をもたらす基本的原因は、急成長による組織内の理念の混乱にあるという。小規模な組織だった時代に、メンバー誰しもが互いに共有していると了解していたはずの理想や信念が、大規模化によって異質なメンバーが一気に増加し、共有されていたはずの価値意識に混乱が生じるというのである。

「創生日本」のもつ真正保守勢力としての理念に共鳴すると自認する議員の中にも、その実、現在隆盛を維持し続ける安倍人気に雷同しているに過ぎない者が、数多く含まれているかも知れない。ところが、規模的拡大という分かりやすく誰の目にも明らかな組織的発展は、組織幹部を含むメンバーの心を奪うようになってゆく。組織幹部が、規模的拡大に目を奪われるようになると、元来の組織理念にそぐわない不純分子を、取り除くか教化するという、組織存続のために最も基本的で不可欠な決断が、先送りにされ蔑ろにされやすくなる。かくして肥大化する不純分子は、本来の組織理念を曖昧にし希釈し、蝕んでゆくようになる。

「創生日本」において、かかる不純分子の教化または排斥にとって、最も本質的で効果的かつ即効性のある組織行動は、靖国神社の公式参拝をおいて他にはない。保守政党の背骨とも言うべき、この当然の責任ある行為が、中韓および国内の反日勢力とのいかなる消耗戦を招こうとも、否、長引く消耗戦になればなるほど、その論戦の火は溶鉱炉の炎の如く、真の純金を精錬してくれるに違いない。

安倍首相の「創生日本」会長就任は、平成一八（二〇〇六）年一一月であるから、時系的に言って首相が保守議員連盟の会長を務めているのではなく、保守議員連盟の会長が首相に選ばれたのである。ゆえに、政党政治の観点からも、民主政治の観点からも、元来安倍首相が靖国神社への公式参拝を躊躇するいわれはどこにもない。

その意味で、平成二五（二〇一三）年一二月二六日、小泉首相以来七年ぶりに靖国神社を公式参拝した安倍首相の快挙は、さっそく巻き起こった中韓およびＮＨＫ、朝日新聞をはじめとする反日勢力の、言われなき誹謗中傷が今後激しさを増し、さらに同盟国であるはずのアメリカをも巻き込んだ安倍批判が、深刻なものになればなるほど、真正保守勢力の正式メンバーをあぶり出す試金石としての真価を発揮することになるであろう。

政党マトリクス体制

政党とは元来、政治的な理念と政策が一致する議員からなる組織を意味する。しかし、設立当初はそうであるとしても、時間経過や規模的拡大、政治環境の変化によって、内部に分派や意識の多様性が生じるのが常である。そして、ある思想信条や政策については、他党の議員の方がよほど近しい関係にあるといった現象が現れる。そこで超党派の政治集団が生まれる。

もちろん、政党内部における異質性や亀裂がいよいよ深刻になれば、分解や再編成が繰り広げられる。しかし、政党という組織は、ただ単に政治的信条と政策に基づく結社という、言わば純粋な思想集団であるわけではない。議員が議員であり続けるための諸資源を獲得・分配する一種の政治的事業体でもある。

主として選挙関連の現実問題を処理しなければならない、政治的事業組織としての側面から、政党は政治信条や政策の齟齬が生じるたびに頻繁に再編成を繰り返すことはできない。それが、多かれ少なかれ政党がヌエ的体質を帯びる一つの原因に他ならない。

しかし他方、政治的事業ばかりを優先する政党は、政治理念と政策によって糾合するはずの政党原理を軽視する集団として自己矛盾に直面する。そこで、超党派の議員連合体といった、もう一つの枠組みが模索されるようになる。故にここで、提唱したいのが「政党マトリクス体制」である。

マトリクスとは、交差する行と列、つまり格子状の枡目、井桁状の図形を意味している。組織論の世界では、異質な複数の編成原理で構成される組織構造を意味する用語として、企業組織の説明に用いられている。たとえば、購買部や製造部・販売部といった職能別の部門と、

A製品とB製品およびC製品ごとの事業部が並立併存している組織構造がそれである。つまり、複数製品に跨って原料を調達する購買部、複数製品の製造に関わる製造部、および複数製品の販売を担当する販売部と、各製品ごとに自立したA・B・C各製品事業部が同時並行で機能している組織構造である。

これを参考に、各政党は政党ごとに自立した組織を構成しながらも、何らかの重要な政治理念や政治的施策・政策ごとに、政党横断的な議員組織を機能させる体制が考えられる。

実際そのような政治的組織行動は、確かに既に広く行われてきている。しかし、「政党マトリクス体制」という明確なコンセプトを持つことによって、政策集団としての議員連合の存在意義と存在価値がより鮮明になるとともに、他党の議員との協働に対する一種の遠慮や引け目、あるいは後ろめたさのようなものを払拭することができるようになる。

「政党マトリクス」の概念は、異種政党間の協力に国家的利益の観点から、政治的正当性を与えることになるであろう。企業の新事業においてもそうであるように、新しい政治的テーマにおいては、政党連繋を臨時的なプロジェクトチームとしてスタートすることもできよう。変化の激しい現状では、かかる柔軟な組織編成が必要とされる点で、政治組織も決して例外ではない。

こうした異種政党間の協働が、その重要度を増すに従って、そのプロジェクト型組織は次第に恒常化され、場合によっては一つの新しい政党として再編成される場合もあるであろう。

それは、企業内の新製品開発プロジェクトが、成功の暁には新事業部として格上げされるのに似ている。こうしたマトリクス型の政党体制コンセプトに基づけば、安倍首相が「創生日本」会長として靖国参拝することに対して、自民党として論理的には干渉できないはずである。

かかる政党マトリクス概念によって、真に政治理念を共有する組織を、政治的事業としてのしがらみから自由なかたちで編成されやすくし、理念と政策を重視した本来の政党再編への動きを活発化することが期待される。

第三節　核となる直接的示威行動

すでに紹介してきたように、「一般社団法人メディア報道研究政策センター」は、「頑張れ日本全国行動委員会」と連携して、反日メディアや反日議員に対して多くの直接的な抗議活動や、示威行動を厭わずに実行してきた。彼ら反日勢力の、誠になりふり構わぬ傍若無人と厚顔無礼に対しては、通り一遍の抗議などの綺麗事では到底太刀打ちできるものではない。我々の覚悟を決めた上での、肝を決した対峙こそ、賛同者を集めまた賛同者を奮い立たせる原点に他ならない。

我々は、渋谷区神南のＮＨＫ本局前に押しかけ、あるいは渋谷駅頭に立って抗議の演説会を開き、あるいはまた議員会館に押しかけて抗議の街頭演説を実施している。また、渋谷駅周辺でのデモ行進も何回か行っている。

こうした抗議活動の詳細は、チャンネル桜（水島総社長）を通じて動画配信され、全国の同志・有志の間で問題意識の共有が促進されている。ＮＨＫ本局への街宣活動の多くは、経営委員会の開催日時に合わせて、委員が出入りする西門前において行われた。その功あってか、新しい経営委員の何人かに保守系のまっとうな有識者が選ばれるに至った。

新経営委員会におけるＮＨＫ解体論議への期待

安倍首相は、かつてＮＨＫの新経営委員のメンバーとして、長谷川三千子埼玉大学名誉教授や作家の百田尚樹氏など保守派の論客を選出し、国会の承認を取り付けた。こうした良識ある経営委員の実現には、我田引水ながら、「頑張れ日本行動委員会」や「メディア報道研究政策センター」を通じた直接的な抗議行動が、一定の効果を示したのではないかと自負している。

しかしながら、経営委員はＮＨＫが作成する番組内容それ自体に口出しすることができない。この経営の管理権限と番組編集権の関係は、ちょうど大学内の学部自治と理事会の関係に似ている。理事会は、人学のキャンパス整備や移転など、要するに資金運用に関する権限を持っているが、授業内容や研究業務などに立ち入って発言することはできない。

これと同じように、ＮＨＫの経営委員会はＮＨＫの資金調達と運用に関する権限を持つが、番組内容について編集権に立ち入る権限はない。従って、例えばこれまで問題にしてきたような極端な偏向番組でも、番組そのものを止めさせたり変更させたりすることはできない。それは、経営委員に良識的な保守派人材が入っても、ＮＨＫの反日偏向番組を直接的には是正することができないことを意味している。

しかし、それをもって落胆する必要は全くない。我々の受信料不払い運動の眼目とは、そもそも何であったか。原点に立ち返って考えてみよう。それは、ＮＨＫの改良でも改善でもなく、解体である。保守的良識派の新委員には、是非とも経営サイドからの解体ビジョンを策定していただくよう働きかけてゆきたいと思っている。

具体的には、放送法六四条の廃止である。その経営的論拠は以下のように組み立てることができる。すなわち、既に司法判断もあるとおり、放送法六四条がある限りＮＨＫは全く何の事業努力もなく、強制契約によって顧客を獲得し、全国から莫大な収益を自動的に徴収し続けることができる。このような事業環境は、経営改善のための努力と工夫、事業内容発展のための創意と英知をことさらに萎縮させ、組織を放漫と惰弱に流し、起業家精神を衰退させる危険なものであるという論理である。

現に、頻発するＮＨＫ職員の不祥事が組織規律の極端な弛緩を証明しているし、裁判所の被告席に立たされてもＮＨＫに受信料は払いたくないという視聴者が驚くほど多いのも、事業水準の低下を実証している。故に、ＮＨＫの事業クオリティー向上のためには、自ら努力して受信契約を取り付け、視聴者が進んで受信料を支払ってくれるような放送事業の発展を遂げなければならず、そのためには、契約と受信料支払いに関する法的強制を、排除しなければならないという経営判断である。

これは、強制的徴収を伴なわない、視聴者の自由意思に基づく受信料制度を維持し、ＮＨＫを現在のまま特殊法人として存続させるための改善策である。この場合、ＮＨＫをただで見るフリー・ライダーを防ぐためには、ＮＨＫ側からのスクランブルによって、受信料を払わない人のテレビにはＮＨＫが映らないようにする方法がある。こうすれば、ＮＨＫを見たくない視聴者の選択の自由と契約の自由が護られるようになる。現在のように、テレビを廃棄しなければＮＨＫとの契約を破棄できない状況のままにしておくと、ＮＨＫの番組の悪化のひどさによっては、ＮＨＫを見たくないためにテレビを廃棄しなければならない人が増えることになる。このことは、民放の受信をも不可能にしてしまうから、明らかに「全国あまねく放送サービスが行きわたる公共の福祉」に逆行してしまう。つまり、ＮＨＫの強制的受信契約制度の維持は、公共の福祉に反するため、容易に実行可能なはずのスクランブル技術導入による改善を提案するわけである。

国営放送局のメリット

あるいは、新経営委員会はＮＨＫの国営放送化を提案することもできる。こうした経営委員会の提案に対しては、番組制作に当たるＮＨＫ職員は、介入する権限をもたない。それは、番組編集に経営委員会が介入できないのと同じ理屈である。

ただし、労働組合が労働争議という形で経営委員会と対峙する道は残されている。しかし、不祥事や偏向反日番組で批判の高まっているＮＨＫに、労働争議が加わればもはやその解体への坂道は、急速にその傾斜を強めることになるに違いない。

さて、国営化を推し進める場合の、経営委員会の論拠は次の様に組み立てることができる。

すなわち、国営放送局にも放送の中立と公正を規定した放送法が適応されることによって、常に政府よりの報道姿勢になる事態は防ぐことができる。もし、意図的に事実に反する報道をした場合には、国営放送の場合には行政裁判の対象になり得るから、特殊法人ＮＨＫよりも厳正に報道内容がチェックされるようになる。

さらに、日本は民主国家であるから、政府に偏った報道が続いた場合、他の政党が抵抗勢力として民放を巻き込んで対抗することができる。その結果、政府内の政党構造も変化し得るから、国営放送が例えば独裁政権を生む温床などには到底なり得ない。

また、ＮＨＫが国営放送局になれば、ＮＨＫ職員は国家公務員となるから、一人当たり平均年収一千七百五十万円などと言う法外な高収入は直ちに是正され、公務員給与の給付に改善される。

ＮＨＫが国営放送となれば、事業収入は税金でまかなわれるから、受信料の集金や督促、訴訟などの手間と費用が節約される。国民負担も現在の受信料負担より遙かに低くなる。現在日本においては、テレビを持っていない人はほとんどいないので、国営放送局の費用を税金でまかなっても、受益者負担の原則に反しない。

民営化への道

公的企業や特殊法人が次々に民営化されているのは、大きな時代の流れとも言える。それは、公的企業体が収益意識に乏しく、企業家精神を失い、いわゆる悪しき官僚制化現象を生み出してしまう傾向にあるからである。

そうであるとすれば、ＮＨＫも国営化の時期を飛び越して、一挙に民放局になるのも一つの良策かも知れない。民営化された旧電電公社や国鉄が、民間優良企業として発展している姿は、将来のあるべきＮＨＫの青写真となるかも知れない。旧国鉄の国労や動労のしがらみが強く残っていると言われるＪＲ北海道だけは、見るも無惨な体たらくだが、これを見るに付けても親方日の丸の特権に胡座をかく弊害の深刻さを実感させられる。特殊法人とは言っても、強制契約を法律で保障されているＮＨＫは特権的な利権組織である。しかも、公務員ではないからこそ、度はずれた高給で職務規程も曖昧に、やりたい放題というしいい加減さがまかり通っている。

この際、民営化へのシナリオを描いて、大胆な人員削減と自分の足でスポンサーを探す努力をしてみるべきであろう。確かに国鉄が民営化されたときには、過疎地などの赤字路線は廃止されて、鉄道という公共の福祉が問題になる状況も生まれた。しかし、放送電波は、もはや既に「全国あまねく行き届いている」のであって、電波は過疎地でも廃止する必要はないし、することもできない。

民放になると、スポンサーの言いなりになってしまうという意見があるが、これも現代日本のような自由市場経済下にある民主主義国家では、あり得ない話である。というのは、スポンサーは視聴率を上げなければ広告宣伝効果が上がらないから、一般視聴者の嗜好を常に気にしており、この点民放各局の利害とも視聴者の利害とも一致する。

その意味で、民放はＮＨＫのようにあれだけの批判にさらされながらも、相変わらず反日偏向番組を作り続けるといった余裕はない。もちろん、民放にも中立・公正を規定する放送法は適用されるから、極端な偏向に対しては批判の対象になる。

非理法剣天

いずれにしても、現在裁判所の判断はジャパンデビューにおける東京高裁判決を除いて、ＮＨＫにほぼ全面的に有利な判決となっている。ＮＨＫが受信料支払いにおける、消滅時効を十年と主張しているのに対して、裁判所が五年と判断している点を除けば、受信料に関する裁判所判断は、結局ＮＨＫの言い分をほぼそのまま認めていると言ってよい。

「非理法剣天」とは、非は理に若かず、理は法に若かず、法は剣に若かず、剣は天に若かずを意味する言葉である。つまり先ず、理屈の通らないものは理の正しく通っているものにはかなわない。しかし、理屈が通っていても法にはかなわないという意味である。現在のＮＨＫ裁判の判決など正にこの状況で、どんなにおかしいと理を通して抵抗しても、放送法六四条がある限り、また裁判所が判断する限り、我々はあの反日偏向放送局のために金を払い続けなければならない。

しかるにここで、法は剣に若かずという命題が登場する。つまり、剣を以て斬ってしまえば、どんなに法の裁きで勝った者でも斬られてしまえばそれでおしまいという意味である。だから、例えば反日偏向番組を制作する担当者や、ＮＨＫに有利な判決を出す裁判官が、次々に斬り殺されるといった一種のテロリズムが横行すると、ＮＨＫ勝訴の効力は著しく小さなものになるであろうし、また裁判の風向きも変わり、判決自体も変化してくるに違いない。

ただし、ここで剣には権の字が当てられることもある。つまり、権力を持って法を制するという意味である。確かに政治的な権力者などは、法の裁きを己に有利なように操作することもあり得る。

ところが最後には、剣または権も天には若かず。天の意志には逆らえないという結論となる。天の意志とは、要するに天下万民の意志ということである。ここで我々の運動の焦点は、再び民衆の啓蒙という原点に返ってくることになる。

かつて少年法改正以前には、どんなに凶悪な犯罪を犯しても、犯人が未成年であると刑事裁判に持ち込むことができず、厳罰を科することは不可能であった。しかし、凶悪な少年犯罪が多発する中で、被害家族たちが懸命な努力を傾け続けたことによって少年法は改正され、現在では未成年者でも凶悪犯罪の犯人については、刑事罰が科されるようになっている。

これと同じことが、放送法においても成り立つものと、私は考えている。ＮＨＫの酷い反日偏向の実態を世の中に知らしめ、いかに作為的かつ継続的に反日偏向報道を行ってきているかを周知し、かかる事業体に自動的に巨万の資金が日本国民全体から流れ込む受信料制度の不条理を、徹底的に啓蒙し続ければ、放送法の廃案や変更、あるいは罰則規定の創設といった未来が切り拓かれるものと確信している。

権を以て法を制す

法を作るのは言うまでもなく国会の権能である。いま現在、メディア報道研究政策センターには、顧問として六名の国会議員がいる。今後この国会議員顧問団を拡充し、国会におけるＮＨＫ解体論議を盛り上げて行きたいと考えている。要するに、放送法六四条を廃案にしさえすれば、それで十分である。あるいは、放送法に厳重かつ緻密な罰則規定を設け、手ぐすねを引いてＮＨＫの偏向番組を待つのもよかろう。

ＮＨＫ解体へのシナリオを描くためには、解体の後の姿をデザインしておかなければならない。すなわち、国営化なのか民営化なのかの判断である。現在の民放でも、反日偏向の姿勢は驚くほど普遍的で一般的なものとなっている。ここにもう一つ、同じく反日偏向の民放局がまた一つできるというよりは、やはり位置づけがきちんとして分かりやすい国営放送局を一つ作っておいた方がよいかも知れない。

民主制度と言っても、正しい情報が公平に伝えられて始めて、国民は自らの良識に照らして適切と考える判断を下すことができる。その出発点に当たる情報が歪曲されていては、どんなに良識的な国民といえども、的確な判断を下すことができない。否それどころか、合理的な国民であればあるほど、間違った情報に基づけば必ず間違った判断に行き着いてしまう。それほど情報伝達の問題は、民主制度の根幹にかかわる重大問題なのである。

前節で既に論じたように、こうした報道の重要性を正確に理解し、その改善に使命感を燃やす政治集団を結束する必要がある。既成政党とは別の軸立てで、マトリクス型のプロジェクトとして、政党横断的な議員連合によって、メディア問題を専門とする政策集団を作らなければならないであろう。及ばずながらわがメディア研が、そうした政策集団の接着剤として機能できれば、この上ない喜びである。

第六章　結論　さらば驕れる大組織よ

本書に見てきたように、ＮＨＫの偏向反日姿勢は長いタイムスパンを以て鳥瞰してみると、戦後五十年が話題になり始めた時期、つまり今から二十数年ほど前から、明らかに段階的に悪化していることがわかる。次第に汚れてゆく白色は、毎日着慣れている人にとっては薄く灰色がかった白に見えていても、回りからは到底白とは見えないものである。そして、新しい白色に変えてみると、始めてその黒さに驚かされる。

同様に、次第に反日偏向の度合いを強めるＮＨＫの報道姿勢に、我々は少しずつ慣らされてゆく。また、ＮＨＫは度はずれた反日偏向番組を、時々冒険のように繰り出して、視聴者の神経を麻痺させている。こうして、相当な反日偏向番組を少しはマシな番組に感じられるように、視聴者心理を操作している。

実に周到で執拗な、作為的かつ戦略的な反日偏向報道であるという他はない。本書で具体的に取り上げた問題の番組は、こうした心理操作のための一里塚となっている、典型的な反日偏向番組である。我々は、ＮＨＫが繰り拡げている心理作戦に惑わされないために、ひどい反日偏向番組の事実を忘れないように努力しなければならない。

国民からの受信料を使って、事実をねじ曲げた上で、公共放送局の立場をフル活用して日本の名誉や立場を貶め、反日国家韓国や中共国を持ち上げ美化するＮＨＫ。しかもそうした放送を、日本の代表的放送局として世界中に発信する傲慢と危険性。もはやＮＨＫの日本に対する裏切りは、既に十分に証明されている。

ＮＨＫに改善の見込みがないことから、我々は受信料の不払い活動に入った。そして今、法廷闘争がその中心になっている。裁判所は、明らかにＮＨＫに有利な判断を下している。この逆境を克服するためには、放送法六四条を葬り去らなければならない。それには、国会論議を巻き起こさねばならない。

ＮＨＫ拒否アンテナについて

放送法六四条の改正によって、たとえテレビを拒否アンテナによってＮＨＫが映らないものにしても、スマホやパソコンにＮＨＫが映れば、今後は受信契約の義務が生じる点については既に述べた。しかしながら、ＮＨＫ拒否アンテナの普及は、ＮＨＫの国民的な不人気を立証する大きな力となるに違いない。多くの視聴者が自ら費用を負担してもＮＨＫは見たくないと思っている、という意思表示になるからである。メディア報道研究政策センター会員の筑波大学教授は、既にアンテナと一体になった着脱不可能な、ＮＨＫ電波遮断器を開発し終えている。

現在、メディア報道研究政策センターは、このアンテナを付けた会員による「受信締結義務不存在確認訴訟」を提訴している。つまり、ＮＨＫが映らないテレビで、拒否アンテナは外すことができないのであるから、ＮＨＫとの受信契約の締結義務は存在しないことを、確認するための訴訟である。

ＮＨＫは、六四条改正によってテレビ以外の受像器からも、受信契約を取り付けられるようになったから、この法改正によってテレビの契約義務にこだわる必要がなくなったとも言える。従って、今回の法改正がＮＨＫ拒否アンテナを付けたテレビの契約義務不存在の確認を、却って促進することになるかも知れない。

そうしておいて、次にはメーカーとも協力の上、パソコンやスマホにもＮＨＫが映らない機能を加えれば、ＮＨＫ側の打撃は計り知れないものになるであろう。当面は、家宅捜索や荷物検査、身体検査の権限のないＮＨＫに対しては、家の中にはパソコンもなく、スマホも持っていないと言い張るだけで済むはずである。

ＮＨＫは、見たくない人には簡単にスクランブルをかけて、受信料不払いや未契約者には映らないようにすることができるのにそれをしない。裁判所までもが、「そんなことをして契約者が減ったらＮＨＫが困るから」という理由で、スクランブル対応はしなくてよいと言っている。

だから我々は自分自身でスクランブル機能を付けようとしている。

それがＮＨＫ拒否アンテナなのである。

いずれにせよ、裁判所判断に関わらずこの「ＮＨＫ拒否アンテナ」が日本中に広まれば、ＮＨＫも裁判所もやりにくくなることは間違いないし、本当に映らない受信機から受信料を取る不条理は大きな問題として発展してゆく可能性を秘めている。

世界に稀なる奇怪メディア

それにしても、自分の国の悪口雑言を語り続けるメディアが、一体世界のどこにあるというのだろうか。自国に敵対する国を、ウソを並べてまで褒め立てるメディアが一体どこの国にあるであろうか。

日本は大東亜戦争に負けたかも知れないが、敗戦後七年にも及んだ占領政策は半世紀以上も昔のことのはずである。しかし、その時の占領憲法は、ただの一行も修正されずに生き延びている。同様に、占領軍の情報統制も現在日本のメディア社会では、いまだに生き続けているのであろう。これは日本人の一種不可思議な特性なのかも知れない。

平安時代初期の貞観四（八六二）年に、遣唐使によってもたらされた宣明暦は、誤差から生じる不便にもかかわらず、江戸時代前期の貞享二（一六八五）年、渋川春海による貞享暦への改暦まで、何と八百八十二年間にもわたってそのまま使用されている。してみれば、日本国憲法六十八年などまだまだ序の口と言うべきなのであろうか。

いずれにせよ、こうした極端に大きな慣性、一種のカタレプシーが奇怪な日本メディアを動かし続けている。カタレプシーとは分裂病に特徴的な症状の一つで、他動的にとらされた姿勢を自主的に変えることなく、あたかも蝋細工の人形のように、いつまでも同じ姿勢をとり続ける状態を言う[20]。

ＮＨＫをはじめとする日本のメディアは、デマを並べて有りもしなかった日本軍の悪行を暴き立てていた、占領下でのラジオ放送『真相はかうだ』を、いまだにせっせと作り続けているのであろう。

故三宅博先生の御霊に捧ぐ

本書第五章第一節の最後に紹介した如く、故三宅博先生には反日偏向NHK糾弾の掛け替えのない同志として、誠に心強い御支援を賜った。にもかかわらず、最も大事な選挙活動において、諸般のしがらみがあったとはいえ、何のお役にも立てなかったことは、誠に慚愧に堪えない次第である。六七歳で逝かれた三宅博先生を偲び、謹んで本増補版を先生の御霊に捧げたい。

令和元年六月二十五日

神奈川大学研究室にて

小山和伸

参照文献

（1）本多勝一『ＮＨＫ受信料拒否の論理』未来社 1977
『ＮＨＫ受信料を拒否して四十年』金曜日 2007
佐野　浩『ＮＨＫ受信料を払えぬ理由』晩声社 1988
（2）天野聖悦『ＮＨＫ受信料制度違憲の論理』東京図書出版会 2010
（3）天野聖悦　前掲書
（4）土屋英雄『ＮＨＫ受信料は拒否できるのか』明石書店 2008
（5）朴　銀姫「越境文学のリゾーム性」千葉大学大学院 人文社会科学研究科 博士論文 2010
第３章 草深し　第３節「色衣」と「白衣」の対決
（6）「第10号陸支密第７４５」防衛省防衛研究所 1938
（7）秦　郁彦「従軍慰安婦問題―歪められた私の論旨―」『文藝春秋』1996.5月号
（8）桑原　聡「「女性国際戦犯法廷」というプロパガンダに荷担したＮＨＫの責任」『別冊正論 Extra 12』2009.11.18
（9）櫻井よしこ「密約外交の代償―慰安婦問題はなぜこじれたか―」『文藝春秋』1997.4月特別号
（10）桑原　聡　前出文書
（11）川久保　勲「松井やより講演会で逮捕された私の「不当勾留百三十六日の記」」『正論』2002.

12月号
（12）『別冊正論 Extra 12』2009.11.18
（13）水島　総「「南京の真実」製作日誌」『正論』2013.9月号
（14）東中野修道『「南京大虐殺」の徹底検証』展転社 1998
（15）小山和伸『救国の戦略』展転社 2002 第３章 日本凋落の外的要因　第３節 外交交渉の実態
（16）朴　銀姫 前出論文「越境文学のリゾーム性」
（17）イザベラ・バード『朝鮮紀行』時岡敬子訳　講談社学術文庫 1998
（18）産経新聞 2013.10.14
（19）(Penrose, E. T. *The theory of The Growth of The Firm*, OXFORD BASIL BLACKWELL 1972
IV Expansion without Merger: The Receding Managerial Limit
The nature of the managerial limit on expansion pp.44-56
（20）西丸四方『精神医学の知識』南山堂 1967 第7章 精神分裂病 P.71

小山和伸（おやま　かずのぶ）

昭和30年、東京都生まれ。同55年、横浜国立大学経営学部卒業。同年、東京大学大学院経済学研究科博士課程入学、同61年、神奈川大学経済学部専任講師、同63年、同大助教授、平成7年、経済学博士（東京大学）、同年、神奈川大学経済学部教授、同23年、一般社団法人メディア報道研究政策センターを設立。代表理事に就任、現在に至る。主な著書に『技術革新の戦略と組織行動』（増補版、白桃書房、平成9年）、『救国の戦略』（展転社、同14年）、『リーダーシップの本質』（白桃書房、同20年）、『選択力』（主婦の友社、同22年）、『戦略がなくなる日』（主婦の友社、同23年）、『不況を拡大するマイナス・バブル』（晃洋書房、同24年）。共著に『現代経営管理論』（有斐閣、平成6年）、『経営発展論』（有斐閣、同9年）、『ウソだろ⁉　バリアフリー』（晃洋書房、同20年）など。居合道無双直伝英信流8段。

増補版　これでも公共放送かＮＨＫ！
君たちに受信料徴収の資格などない

令和元年七月三十日　第一刷発行

著　者　小山　和伸
発行人　荒岩　宏奨
発　行　展　転　社

〒101-0051 東京都千代田区神田神保町2-46-402
ＴＥＬ　〇三（五三一四）九四七〇
ＦＡＸ　〇三（五三一四）九四八〇
振替〇〇一四〇―六―七九九九二

印刷製本　中央精版印刷

乱丁・落丁本は送料小社負担にてお取り替え致します。

定価［本体＋税］はカバーに表示してあります。

ISBN978-4-88656-487-0